U0339575

直尺和圆规的原力

无处不在的数学应用

RULER AND COMPASS

Practical Geometric Constructions

[英] 安德鲁·萨顿 著

章一文 译

CTS K

湖南科学技术出版社·长沙

THE BEAUTY OF SCIENCE 科学之美

图书在版编目（CIP）数据

直尺和圆规的原力 ：无处不在的数学应用 / （英）安德鲁·萨顿著 ；章二文译. — 长沙 ：湖南科学技术出版社，2024.5（科学之美）
ISBN 978-7-5710-2836-7

Ⅰ. ①直… Ⅱ. ①安… ②章… Ⅲ. ①数学－研究Ⅳ. ①O1-49

中国国家版本馆 CIP 数据核字(2024)第 076146 号

ZHICHI HE YUANGUI DE YUANLI WUCHUBUZAI DE SHUXUE YINGYONG
直尺和圆规的原力 无处不在的数学应用
著　　者：[英] 安德鲁·萨顿
译　　者：章二文
出 版 人：潘晓山
责任编辑：刘　英　李　媛
版式设计：王语瑶
出版发行：湖南科学技术出版社
社　　址：长沙市芙蓉中路一段 416 号泊富国际金融中心
网　　址：http://www.hnstp.com
湖南科学技术出版社天猫旗舰店网址：
http://hnkjcbs.tmall.com
邮购联系：0731-84375808
印　　刷：长沙超峰印刷有限公司
厂　　址：湖南省宁乡市金州新区泉洲北路 100 号
邮　　编：410600
版　　次：2024 年 5 月第 1 版
印　　次：2024 年 5 月第 1 次印刷
开　　本：889mm×1290mm　1/32
印　　张：2.25
字　　数：120 千字
书　　号：ISBN 978-7-5710-2836-7
定　　价：45.00 元

RULER & COMPASS

Practical Geometric Constructions

by

Andrew Sutton

First published 2009 AD

Published by Wooden Books Ltd.
8A Market Place, Glastonbury, Somerset

British Library Cataloguing in Publication Data
Sutton, A.
Ruler & Compass

A CIP catalogue record for this book is
available from the British Library

ISBN 978 1 904263 66 1

Recycled paper throughout.

Printed and bound in England by
The Cromwell Press Group, Trowbridge, Wiltshire.
100% recycled papers supplied by Paperback.

谨以此书纪念亲爱的约翰·米歇尔

感谢尼基对本书的精心策划。

感谢罗伯特和博卡对书中作图及内容的审核。

同时，也感谢帕斯瓦先生，让我有幸接触到直尺与圆规作图的魅力。

特别感谢本书所引用著作的几何学家们。

编写本书所涉的主要参考文献：

《中世纪伊斯兰教的数学趣事》（*J.L.* 伯格润著）；《我们能超越马斯凯罗尼吗？》（费奇·采尼著）；《数学图形》（罗伯特·迪克森著）；《平面与立体几何》（*T.W.* 古德著）；《动态对称要素》（杰伊·汉比奇著）；《实用平面与立体几何高阶学生用书》（约瑟夫·哈里森与 *G.A.* 巴克森德尔合著）；《几何：欧几里得与其他》（罗宾·哈德肖恩著）；《几何原本十三本》（*T.L.* 西斯著）；《化方为圆》（*E.W.* 霍布森著）；《古代几何在几何应用中的秘密》（杰伊·卡普鲁夫著）；《限用圆规几何作图》（*A.N.* 柯斯托夫斯基著）；《几何与调和平均数及级数》（马克·*A.* 瑞纳德著）；《论赛里奥的椭圆作图》（保罗·罗辛著）；《直尺几何作图》（*A.S.* 斯毛格夫斯基著）；《几何作图要素》（亨利·*J.* 斯普纳著）；《博德雅纳绳法经》（达旺卡·纳斯·亚吉旺与 *G.* 蒂伯教授合著）。

吉姆·罗伊的几何网页 *www.jimloy.com*

几何图形论坛期刊 *forumgeom.fau.edu*

本书中所有作图，除了几处作者本人所作的简图，一般都会注明出处，如未标明，则说明是公认的标准。

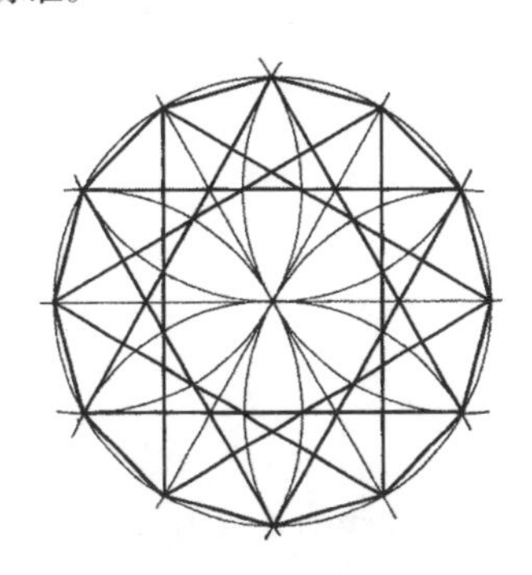

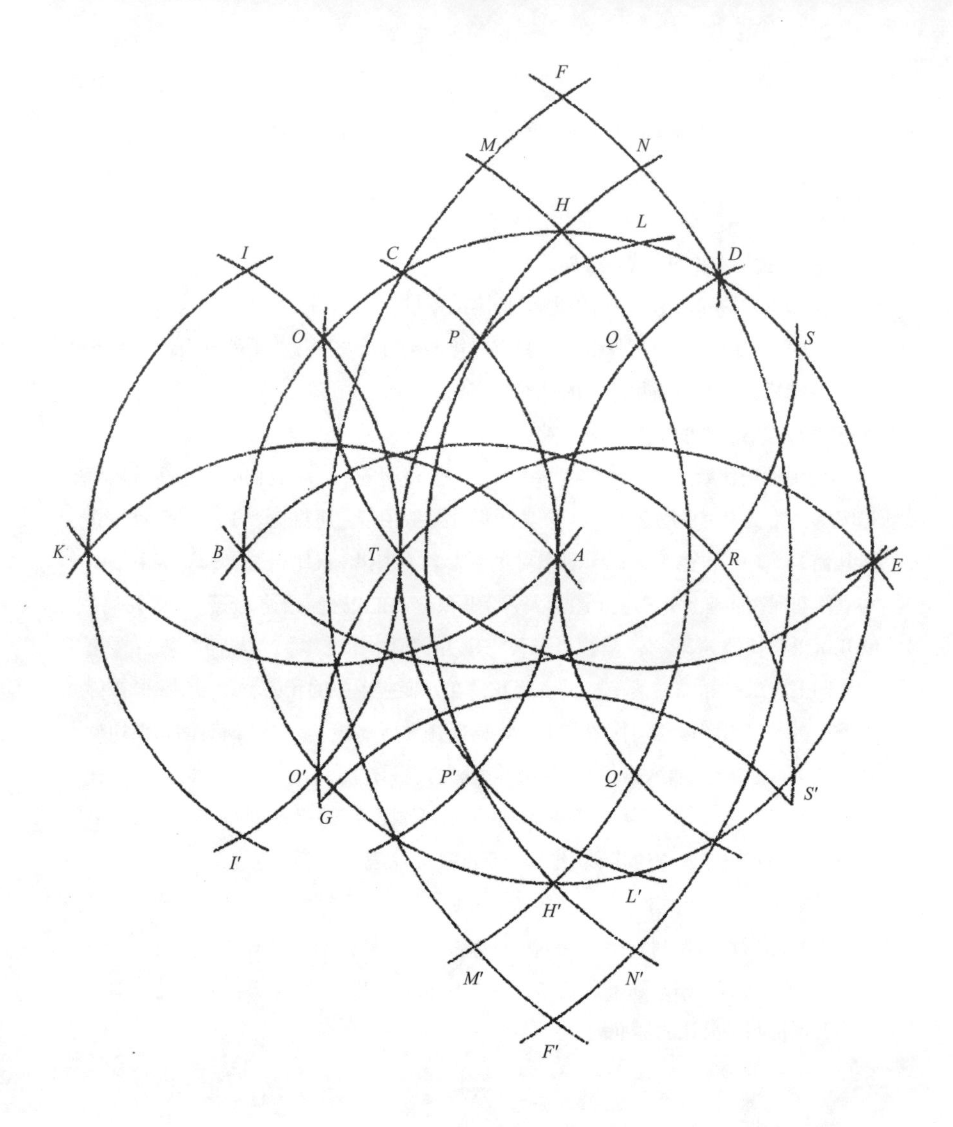

$AT=\sqrt{1}$	$AM=\sqrt{6}$	$PS'=\sqrt{11}$	$BE=\sqrt{16}$	$I'D=\sqrt{21}$
$PT=\sqrt{2}$	$QQ'=\sqrt{7}$	$FK=\sqrt{12}$	$FK=\sqrt{17}$	$KS=\sqrt{22}$
$DR=\sqrt{3}$	$AF=\sqrt{8}$	$KN=\sqrt{13}$	$KN=\sqrt{18}$	$MM'=\sqrt{23}$
$AB=\sqrt{4}$	$BR=\sqrt{9}$	$KD=\sqrt{14}$	$KD=\sqrt{19}$	$MN'=\sqrt{24}$
$HT=\sqrt{5}$	$BL=\sqrt{10}$	$FG=\sqrt{15}$	$FG=\sqrt{20}$	$KE=\sqrt{25}$

(L. Mascheroni & A. N. Kostovskii)

目录
CONTENTS

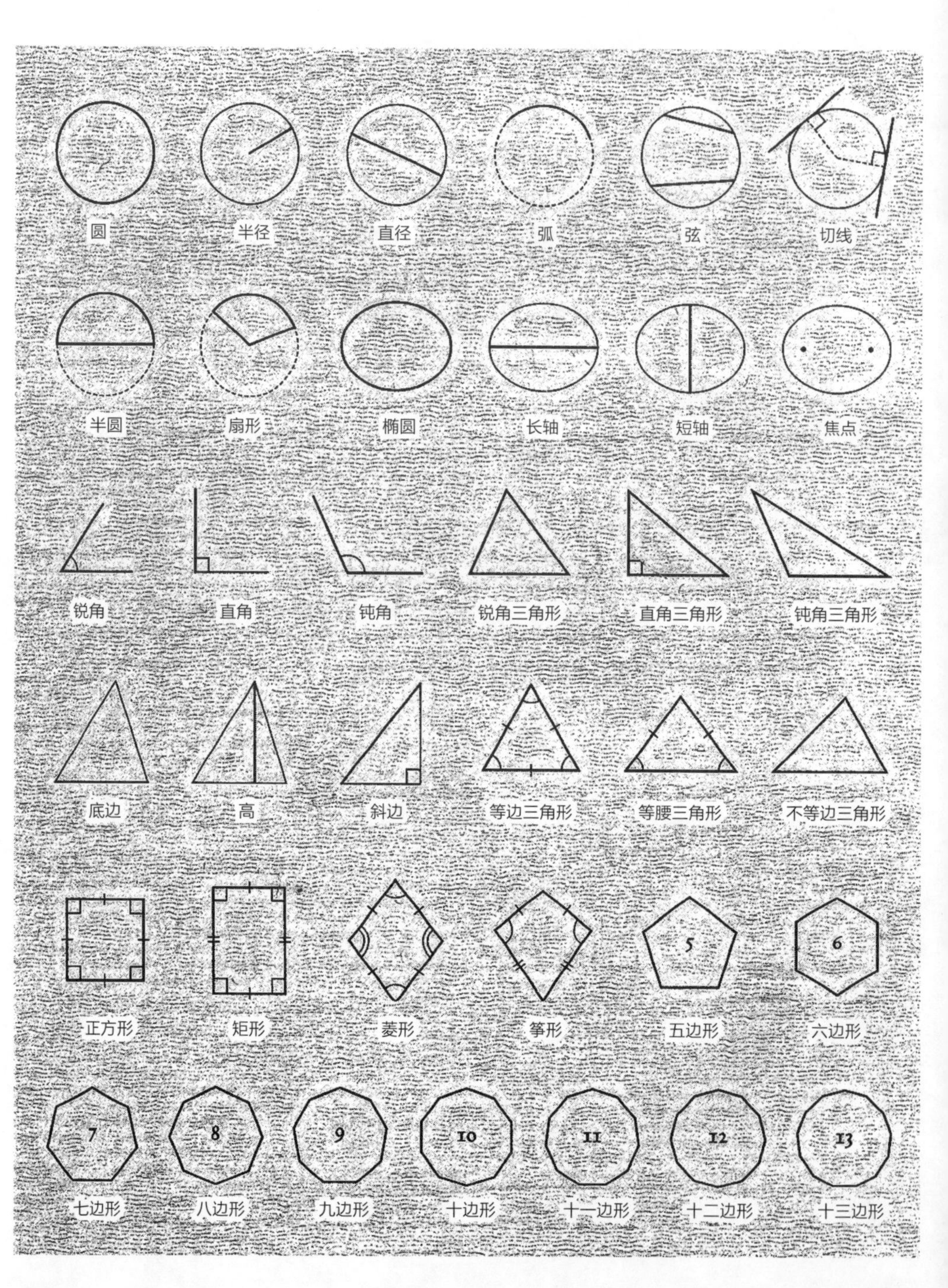
圆
半径
直径
弧
弦
切线
半圆
扇形
椭圆
长轴
短轴
焦点
锐角
直角
钝角
锐角三角形
直角三角形
钝角三角形
底边
高
斜边
等边三角形
等腰三角形
不等边三角形
正方形
矩形
菱形
筝形
5
五边形
6
六边形
7
七边形
8
八边形
9
九边形
10
十边形
11
十一边形
12
十二边形
13
十三边形

前言 INTRODUCTION

几何作图的历史可追溯到古人用楔子和绳子在土地上标出一些简单形状和尺寸的时期，这种做法在当时可以说是非常普遍的。几何学，从字面解读，也就是测量土地的意思。古埃及人在每年的尼罗河洪水退去后，会用绳子重新丈量土地边界；而吠陀时代的《绳法经》，作为现存世上最古老的关于几何知识的文献，也记载了古印度人的祭坛建造技巧。后来，几何作图成为大家所熟知的一门数学学科，应用于更小物体的尺寸测量。柏拉图（卒于约公元前 347 年）最先制定了限用直尺与圆规的严格规定，作直线和圆的最理想的简易方法也就从此诞生。

受艾布·瓦法·布贾尼（卒于公元 998 年）和阿尔布雷特·丢勒（卒于公元 1528 年）各自所著的工匠手册的启迪，本书旨在为几何作图提供实用指导。书中也会介绍一些未经核实的关于数学发展的历史。除非另有说明，本书中的所有作图从数学角度来看都是精确的。极力推荐读者在阅读本书时能尝试一些实践——拿起你们手中的直尺和圆规，除此别无他法。

本书中所用的代码简单易懂。“直线 *AB*”表示作一条经过点 *A* 和点 *B* 的直线。“线段”表示一条直线上两点之间的部分。“圆 *O*–*A*”表示作一个以点 *O* 为圆心且经过点 *A* 的圆。“圆心 *O* 半径 *AB*”表示作一个以 *O* 为圆心以 *AB* 长为半径的圆。弧指在圆周上作一部分圆。在作图时，有时候会标一些额外的点，以提高精确度。比如，直线 *ACB* 或圆 *O*–*AB*。作图过程中新得到的点会标在括号里。有时候，由新点产生的直线会当成已经作出，为简洁起见，不再单列步骤说明。不过不要担心，作图的所有过程都清晰明了。

基本原理 /三角形与角的复制

FUNDAMENTALS
TRIANGLES AND ANGLE-COPYING

欧几里得（生于公元前300年）所著《几何原本》，是有史以来最伟大的数学著作之一。作者以简单的公理为基础，通过逻辑进而推导出几何数论定理。这些公理包括过任意两点可以作一条直线，或以一点为圆心、过另一点作一个圆。然而，由于欧几里得当时使用的是单腿圆规，他从未测量过这两点之间的距离，也从未以该两点间距离为半径，以任意点为圆心作过圆。

在先作出一个等边三角形（图1）之后，欧几里得证明了使用他的简易单腿圆规，可以将任意两点间的距离移至他处，并以此距离为半径、以任一点为圆心作圆（图2）。现在的直尺与圆规作图，如果直接使用圆规来移动一段距离，仍被视为沿袭欧几里得的方法，图2中后面的作圆步骤就不再赘述。

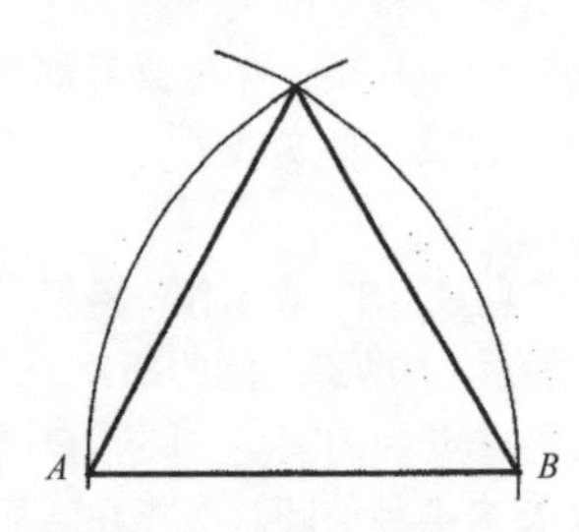

图1. 以已知线段 AB 为边，作等边三角形：
1）以点 A 为圆心，AB 为半径作弧；
2）以点 B 为圆心，AB 为半径作弧；
3）两弧线的交点分别与点 A 和 B 相连，得等边三角形。

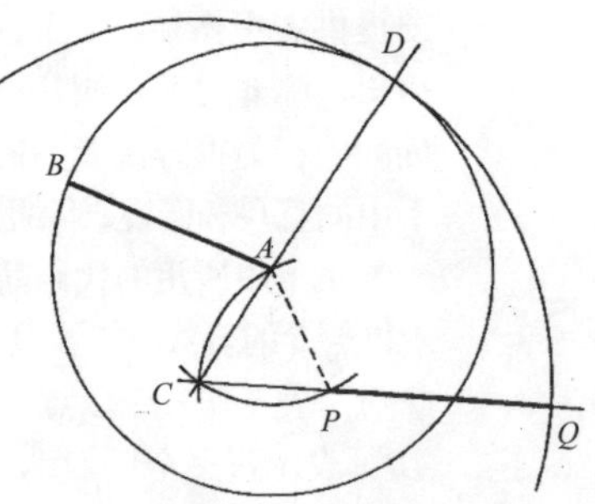

图2. 作一线段等于已知线段AB：
1）作弧$A-P$, 弧$P-A$，两弧相交得点C；
2）作直线CA, CP；
3）作弧$A-B$（D）；作弧$C-D$（Q）；则$PQ=AB$。

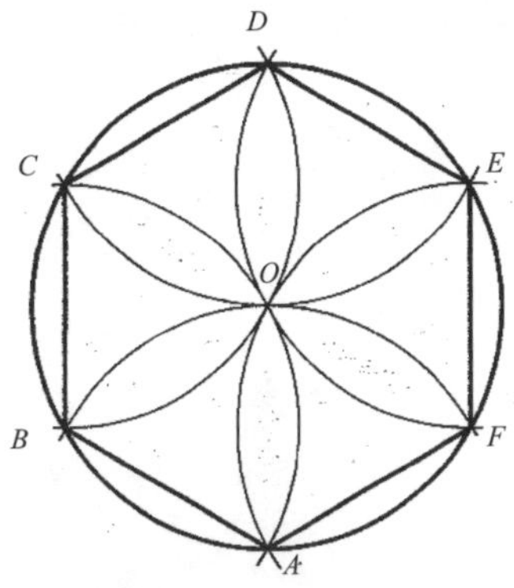

图 3. 作圆内接正六边形：

1）在圆周上选任一点 A，作弧 $A-O$（B, F）；

2）作弧 $B-OA$（C）；

3）作弧 $C-OB$（D）；4）作弧 $D-OC$（E）；

5）作弧 $E-OD$（F）；6）作弧 $F-OE$（A）（结束）。

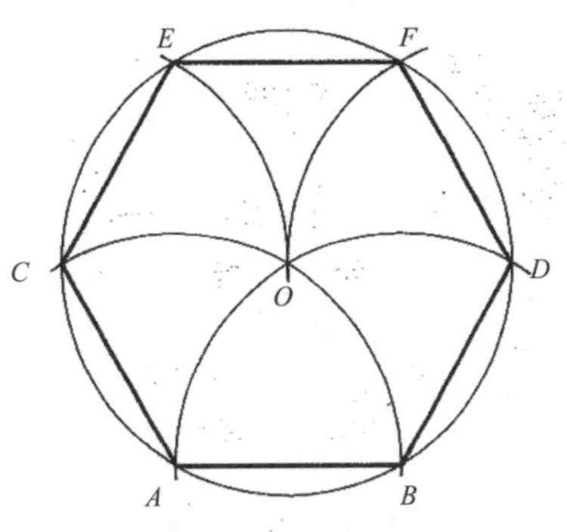

图 4. 以已知线段 AB 为边，作正六边形：

1）作弧 $A-B$（O），弧 $B-A$（O）；

2）作圆 $O-AB$（C, D）；

3）作弧 $C-O$（E），弧 $D-O$（F）（结束）。

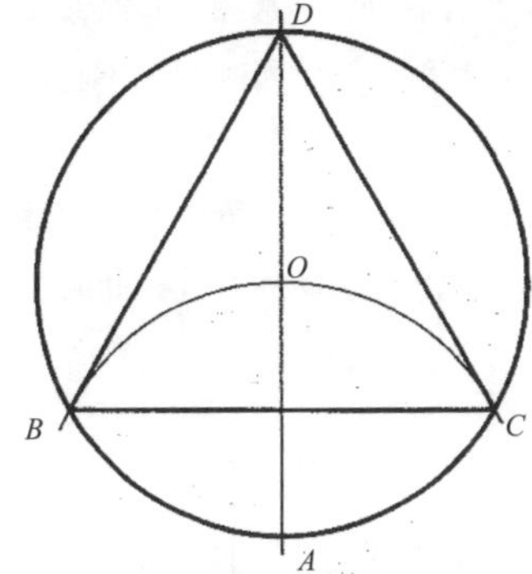

图 5. 作圆内接等边三角形：

1）过圆心 O 作直线（AD）；

2）作弧 $A-O$（B, C）（结束）。

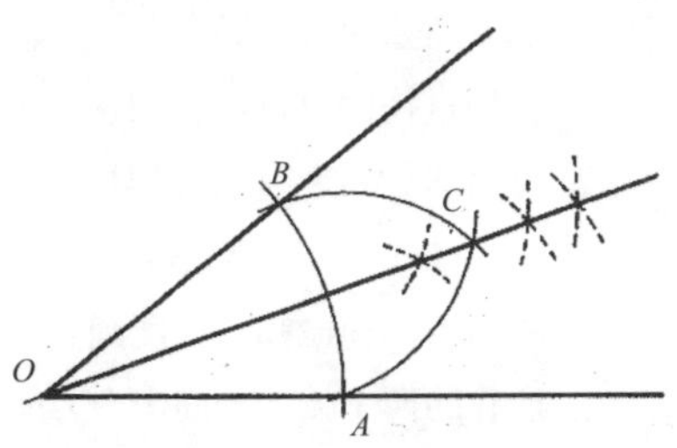

图 6. 将∠ AOB 二等分：

1）以点 O 为圆心，以任意距离为半径，作弧 $O-(A, B)$；

2）作弧 $A-B$（C），弧 $B-A$（C）；

3）作直线 OC；

得 $\angle AOC=\angle BOC=\frac{1}{2}\angle AOB$。

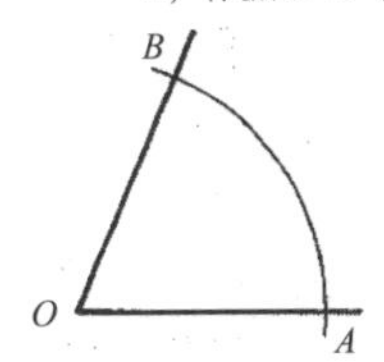

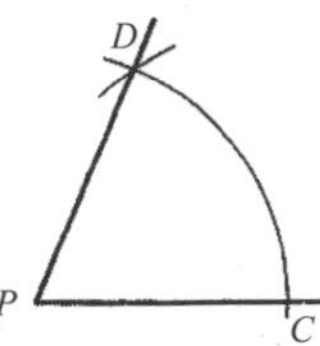

图 7. 以一条直线为边，作与已知角度数相同的角：

1）以已知角顶点 O 为圆心，作弧 $O-(A, B)$；

2）在直线上任取一点 P 为圆心，以线段 OA 为半径，作弧 $P-(C, D)$；

3）以点 C 为圆心，线段 AB 为半径作弧，得交点 D；

4）作直线 PD，得 $\angle CPD=\angle AOC$。

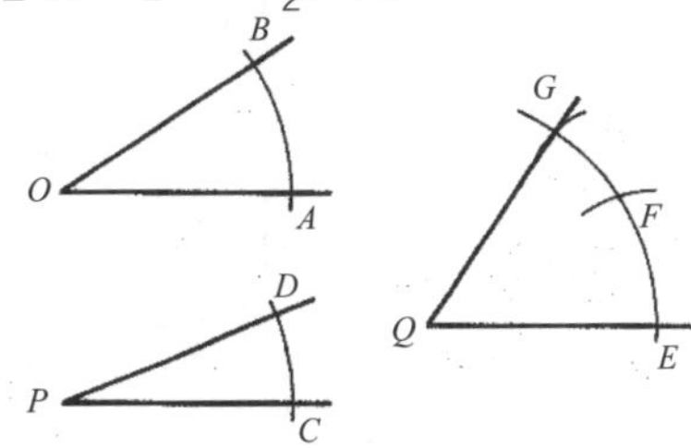

图 8. 以一条直线为边，作一角，度数等于两个已知角度数之和：

1）以点 O 为圆心，任意距离为半径，作弧 $O-(A, B)$；

2）以点 P 为圆心，线段 OA 为半径，作弧 $P-(C, D)$；

3）以直线上任一点 Q 为圆心，线段 OA 为半径作弧，得交点 E；

4）以点 E 为圆心，线段 AB 为半径作弧，得交点 F；

5）以点 F 为圆心，线段 CD 为半径作弧，得交点 G；

6）作直线 QG，得 $\angle EQG=\angle AOB+\angle CPD$。

垂直线 /笔直伸出
PERPENDICULARS
STICKING STRAIGHT OUT

在我们作图的过程中，任何一件没有刻度的工具，只要有条直边，都可以当作直尺使用。如果你使用的直尺刻有长度标识，请忽略它。我们只通过作图本身来进行测量。

垂直平分线是过一条线段的中点且垂直于这条线段的直线（有时候仅仅通过作图就可以找到这个中点）。记住作垂直平分线时所画的弧不必是完整的，只要半径相同且相交即可，具体示例见图 9，图 10，图 11 中的虚线。

图 14 中，任选两个左右相对的弧均可作一条垂直线，替代弧用虚线表示。即使已知点在所画直线的端点上方，本作图方法同样有效，此时，所作的两个弧朝着同一个方向。

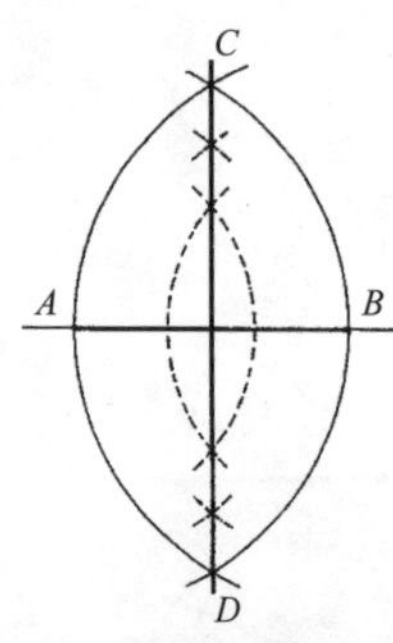

图 9. 已知线段 AB，作它的垂直平分线：
1）分别以点 A，点 B 为圆心，相同长度为半径，作弧相交于 C，D 两点；
2）作直线 CD。

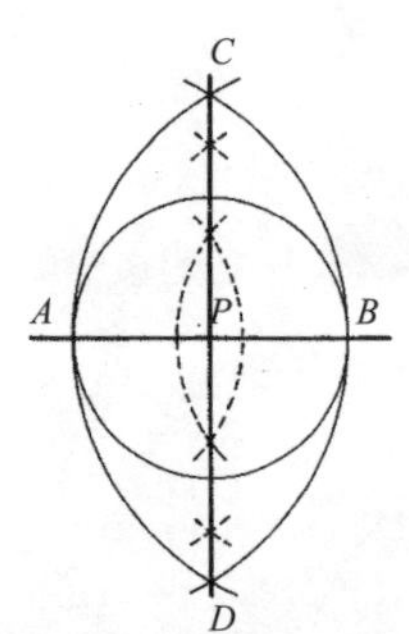

图 10. 过已知直线上任一点 P，作垂直线：
1）以点 P 为圆心作圆，与该直线相交于 A,B 两点；
2）分别以点 A，点 B 为圆心，相同长度为半径作弧，相交于 C，D 两点；
3）作直线 CPD。

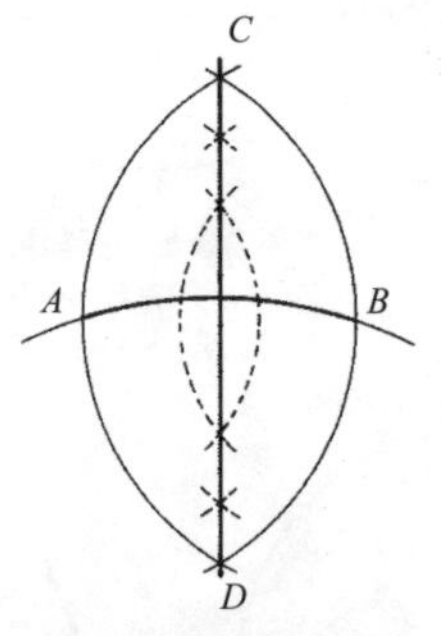

图 11. 已知弧 AB，作它的垂直平分线：
1）分别以点 A，点 B 为圆心，相同长度为半径作弧，相交于 C，D 两点；
2）作直线 CD。

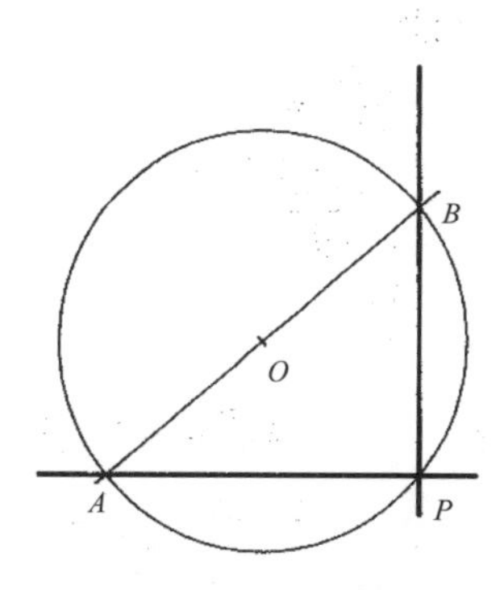

图 12. 过已知直线上任一点 P，作垂直线：

1）以直线外任一点 O 为圆心，过点 P 作圆，与直线相交得点 A；

2) 作直线 AO，与圆 $O-P$ 相交得点 B；

直线 PB 即为直线 AP 的垂直线。

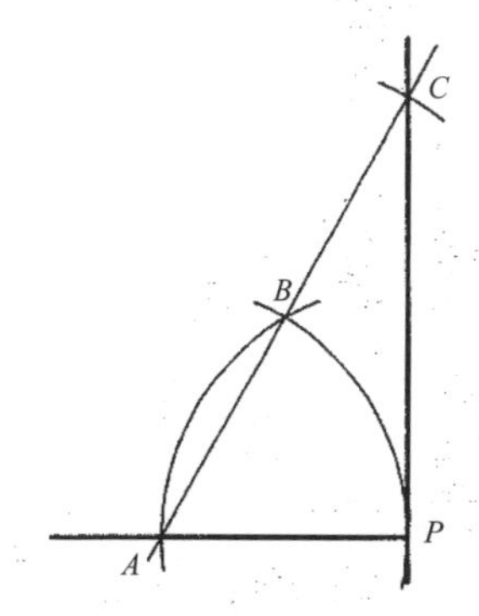

图 13. 过已知线段端点 P，作垂直线：

1）以点 P 为圆心，任意长度为半径作弧，与线段相交得点 A；

2) 以点 A 圆心，过点 P 作弧，得点 B；

3）作直线 AB；

4) 作弧 $B-AP$，与直线 AB 相交得点 C；

直线 PC 即为直线 AP 的垂直线。

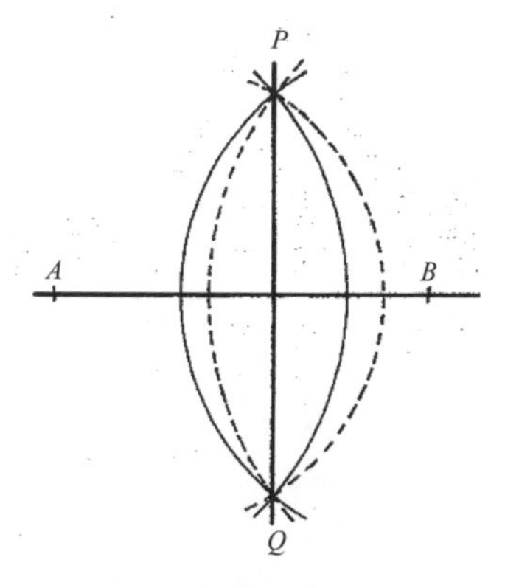

图 14. 过已知直线外任一点 P，作垂直线：

1）以该直线上任一点 A 为圆心，作弧 $A-P$；

2）以该直线上任一点 B 为圆心，作弧 $B-P$，两弧相交于另一点 Q；

3）直线 PQ 即为直线 AB 的垂直线。

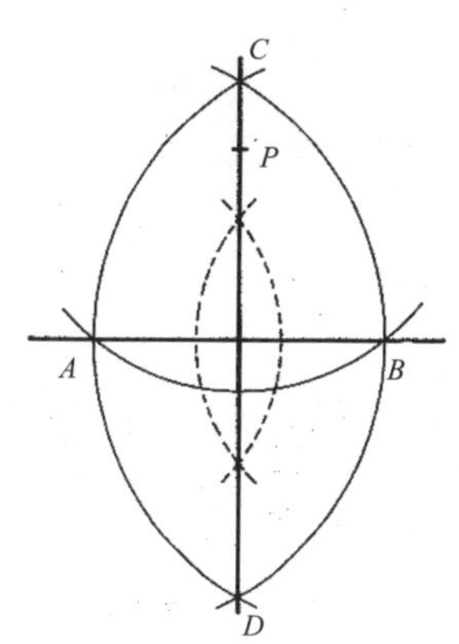

图 15. 过已知直线外任一点 P，作垂直线：

1）以点 P 为圆心，合适长度为半径作弧，与该直线相交于 A，B 两点；

2）分别以点 A，点 B 为圆心，相同长度为半径作弧，相交于 C，D 两点；

3）作直线 CPD。

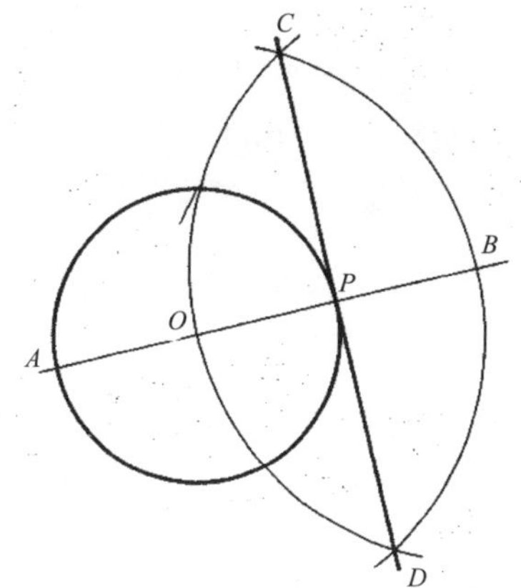

图 16. 作圆 $O-P$ 的切线：

1）作直线 OP，与圆 $O-P$ 相交于另一点 A；

2）以点 O 为圆心，线段 PA 为半径作弧，于直线 AOP 相交得点 B；

3）以点 B 为圆心，过点 O 作弧，与弧 $O-B$ 相交与 C，D 两点（作直线 CPD）；

直线 CPD 与圆 $O-P$ 相切于 P 点。

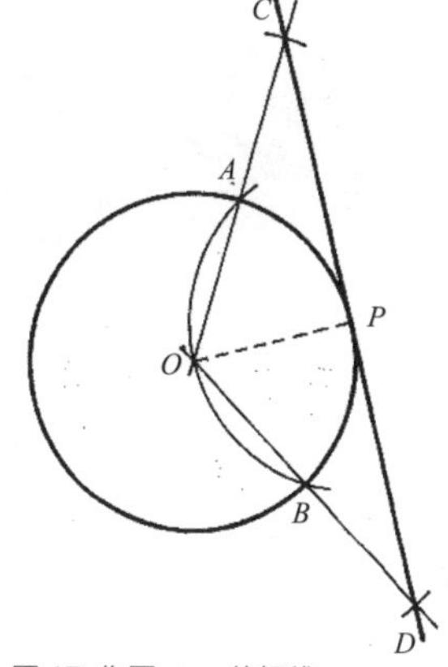

图 17. 作圆 $O-P$ 的切线：

1）作弧 $P-O$，与圆 $O-P$ 相交于 A，B 两点；

2）作直线 OA，OB；

3）作弧 $A-O$，$B-O$，分别与直线 OA，OB 相交于点 C，点 D（作直线 CPD）；

直线 CPD 与圆 $O-P$ 相切于 P 点。

平行线 / 保持平行
PARALLELS
STAYING ON THE LEVEL

在欧氏几何里，直线可以向两端无限延伸，平行线是同一平面里，永不相交的两条直线，过直线外一点，有且只有一条直线与已知直线平行。但在非欧几何里，例如球面或双曲面几何，情况却并非如此。

图 18 到图 20 是过直线外一点作该直线的平行线最简单的方法。图 18 和图 19 使用了三条弧，弧半径长度任意但必须相同，而图 20 使用了两条弧，弧半径不同。图 23 具有一定的欺骗性，因为平行线并非通过求得两点而作，但此法既简单又可靠。在实际作图中，此法类似于用圆规作一与已知线段距离相等的线段，这在欧氏几何作图中可以实现，且作图方法更简洁。

之前提到的许多基础概念与代码在接下来的作图中都会用到，比如，过点 P 作直线 AB 的垂直线。所以，在继续往下看之前，建议再熟悉一下前面提到的内容。

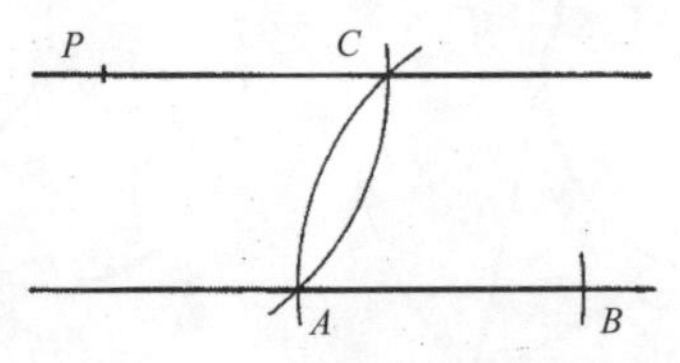

图 18. 过点 P 作已知直线的平行线（方法 1）：
1）以点 P 为圆心，合适长度为半径作弧，与该直线相交于点 A；
2）以点 A 为圆心，相同长度为半径作弧，与该直线相交于点 B；
3）以点 B 为圆心，相同长度为半径作弧，与弧 P–A 相交得点 C；
直线 PC 为直线 AB 的平行线。

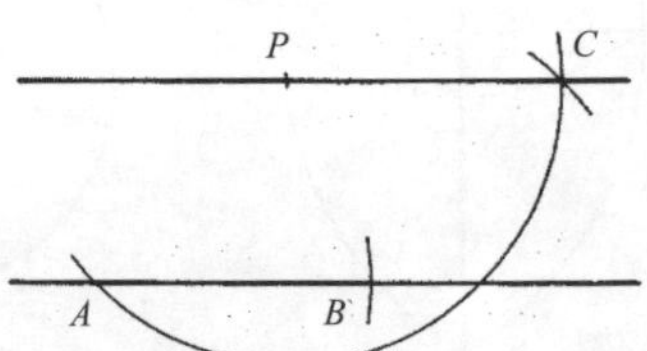

图 19. 过点 P 作已知直线的平行线（方法 2）：
1）以点 P 为圆心，合适长度为半径作弧，与该直线相交于两点，其中一点为 A；
2）以点 A 为圆心，相同长度为半径作弧，与该直线相交于点 B；
3）以点 B 为圆心，相同长度为半径作弧，与弧 P–A 相交得点 C；
直线 PC 为直线 AB 的平行线。

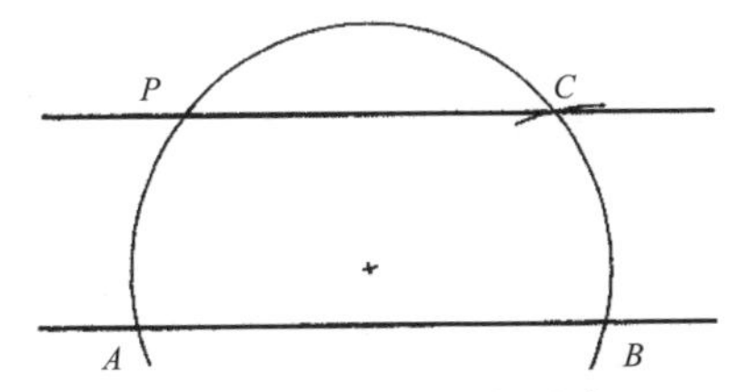

图 20. 过点 P 作已知直线的平行线（方法 3）：
1）以该直线上方任一点 O 为圆心，作弧 O–P，与该直线相交于 A，B 两点；2）以点 B 为圆心，线段 AP 为半径作弧，与弧 O–P 相交得点 C；
直线 PC 为直线 AB 的平行线。

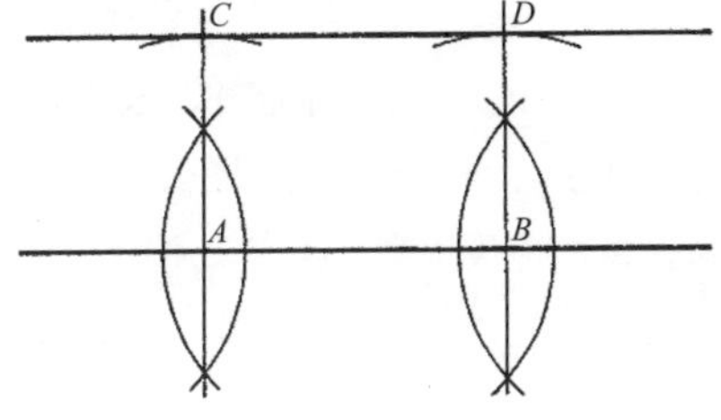

图 22. 作离已知直线指定距离的平行线（方法 1）：
1) 作任意两条垂直线，分别与该直线相交于点 A，点 B；
2）分别以点 A，点 B 为圆心，指定距离为半径作弧，与两条垂直线相交得点 C，点 D；
直线 CD 为直线 AB 的平行线。

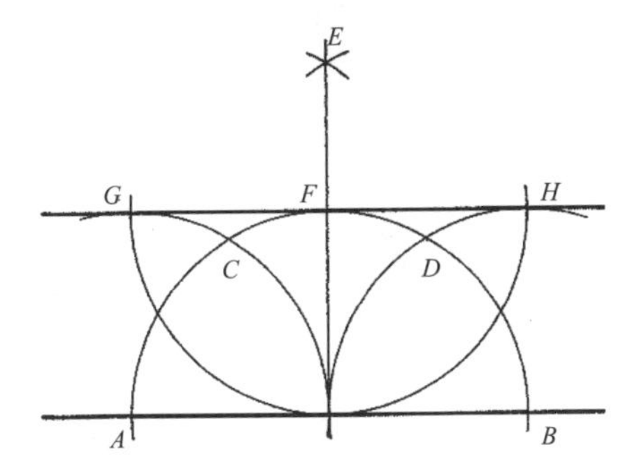

图 24. 作离已知直线指定距离的平行线（方法 3）：
1）以该直线上任一点 O 为圆心，指定距离为半径作弧，与该直线相交于 A，B 两点；2）分别作弧 A–O，弧 B–O，与弧 O–AB 相交于 C，D 两点；3) 分别作弧 C–D，弧 D–C，两弧相交于点 E；4) 作直线 EO，与弧 O–AB 相交于点 F；5）作弧 F–O，分别与弧 A–O，弧 B–O 相交得点 G，点 H；
直线 GFH 为直线 AB 的平行线。

图 21. 过点 P 作已知直线的平行线（方法 4）：
1）以点 P 为圆心，合适长度为半径作弧，与该直线相交于点 A；
2）以点 A 为圆心，相同长度为半径作弧，与该直线相交于点 B；
3）以点 A 为圆心，线段 BP 为半径作弧，与弧 P–A 相交得点 C；
直线 PC 为直线 AB 的平行线。

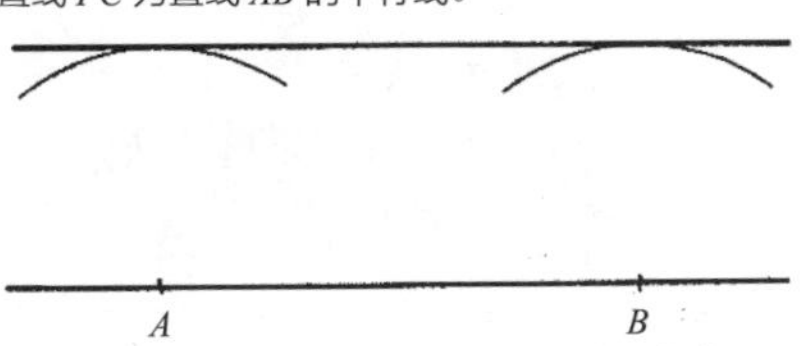

图 23. 作离已知直线指定距离的平行线（方法 2）：
1）以已知直线上任意两点 A，B 为圆心，指定距离为半径分别作弧；
2）作两弧的公切线，即为直线 AB 的平行线。

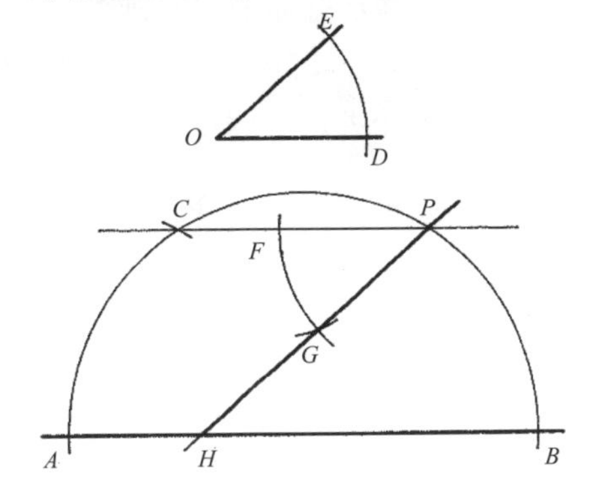

图 25. 过点 P 作与已知直线形成指定度数的角：
1）过点 P 作直线 AB 的平行线 CP；2）以指定角顶点 O 为圆心作弧，与指定角的两条边相交于 D，E 两点；3）以点 P 为圆心，线段 OE 为半径作弧，与直线 CP 相交于点 F；4）以点 F 为圆心，线段 DE 为半径作弧，与弧 P–F 相交于点 G；5）作直线 PG，与直线 AB 相交于点 H；则 $\angle BHP = \angle DOE$。

三角形 / 三角为众

TRIANGLES

THREE'S A POLYGON

简单的三角形作图方法十分值得学习。比如，要作一个已知三条边长度的三角形时，先作一条线段，长度等于其中的一条边，再分别以线段两个端点为圆心，另外两条边长度为半径作弧，两弧相交点即为三角形的第三个顶点。要作一个已知两条短边长度的直角三角形，只需先作两条相互垂直的直线，再以它们的交点为圆点，两条短边长度为半径分别作弧即可。

图 26 也可用于作已知高与腰长度的等腰三角形。图 30 到图 32 依据的可能是最古老的数学定理——由古希腊数学家泰勒斯（卒于约公元前 547 年）提出的泰勒斯定理：半圆所对的圆周角为直角。图 30 可用于作已知对角线和一条边的矩形：以对角线为直角三角形斜边，在由一个整圆分成的两个半圆内分别作直角三角形即可。图 33 引自《几何原本》。

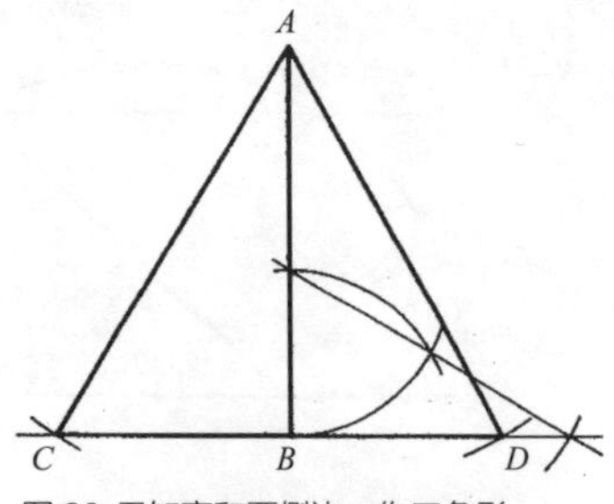

图 26. 已知高和两侧边，作三角形：
1）过点 B 作高 AB 的垂直线；
2）以点 A 为圆心，一侧边长度为半径作弧，与垂直线相交于点 C；
3）以点 A 为圆心，另一侧边长度为半径作弧，与垂直线相交于点 D；
得△ ACD。

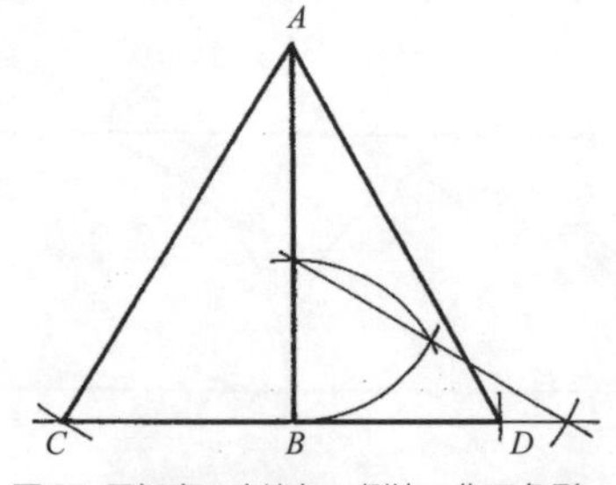

图 27. 已知高，底边与一侧边，作三角形：
1）过点 B 作高 AB 的垂直线；
2）以点 A 为圆心，侧边长度为半径作弧，与垂直线相交于点 C；
3）以点 C 为圆心，底边长度为半径作弧，与垂直线相交于点 D；
得△ ACD。

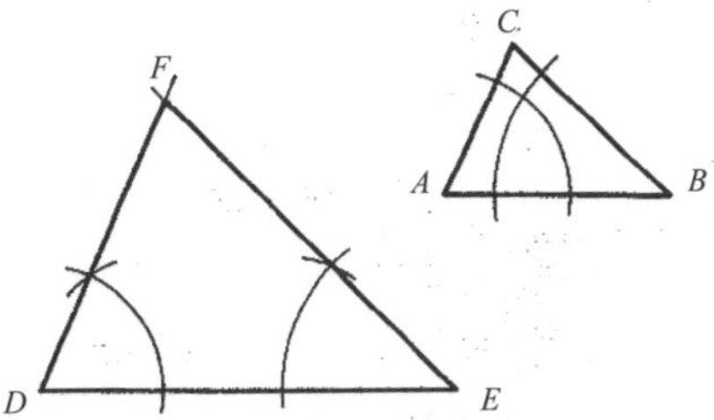

图 28. 已知底边，作相似三角形：

1）在点 D 作与∠ BAC 度数相等的角；

2）在点 E 作与∠ ABC 度数相等的角，得交点 F。

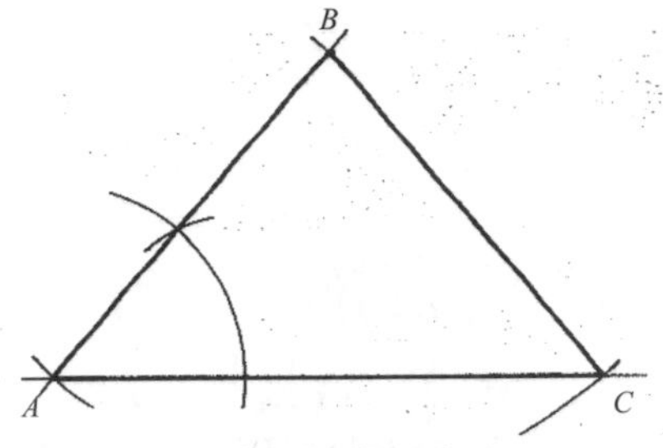

图 29. 已知腰与底角，作等腰三角形：

1）在点 A 作一个与底角度数相等的角；

2）以点 A 为圆心，腰长为半径作弧，得交点 B；

3）作弧 $B-A$（C）。

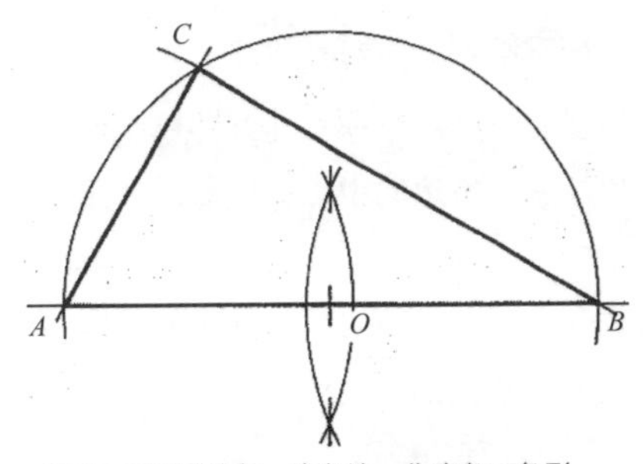

图 30. 已知斜边与一直角边，作直角三角形：

1）作线段 AB，长度与斜边相等；

2）作线段 AB 的中点 O；

3）作弧 $O-AB$；

4）以点 A 为圆心，已知直角边为半径作弧，与弧 $O-AB$ 相交于点 C。

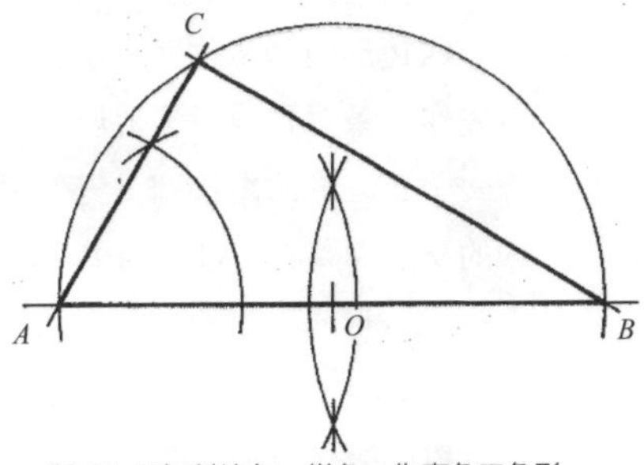

图 31. 已知斜边与一锐角，作直角三角形：

1）作线段 AB，长度与斜边相等；

2）作线段 AB 的中点 O；

3）作弧 $O-AB$；

4）作∠ CAB，与已知锐角度数相等。

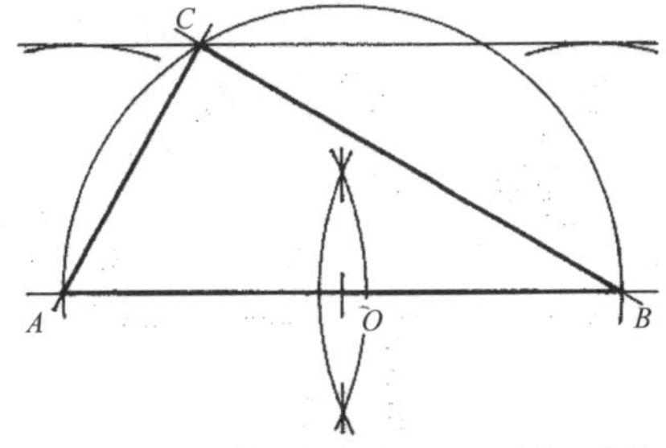

图 32. 已知斜边与斜边上的高，作直角三角形：

1）作线段 AB，长度与斜边相等；

2）作线段 AB 的中点 O；

3）作弧 $O-AB$；

4）以斜边上的高为距离，作线段 AB 的平行线，与弧 $O-AB$ 相交得点 C。

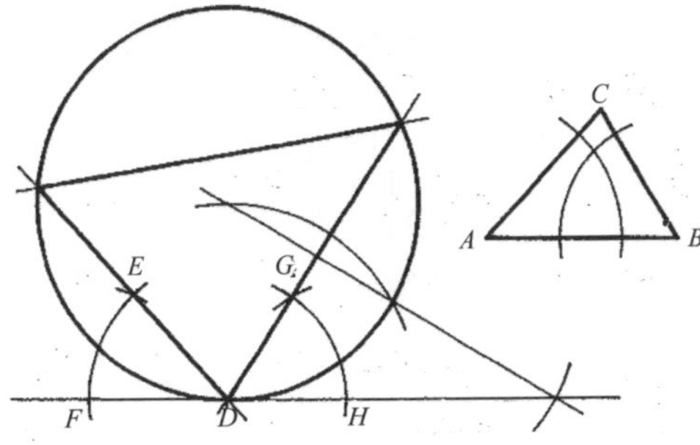

图 33. 作圆内接相似三角形：

1）在已知圆上任一点 D 作该圆的一条切线；

2）作∠ EDF= ∠ CAB；

3）作∠ GDH= ∠ CBA（结束）。

正方形与菱形 /基于直线和圆

SQUARES & RHOMBUSES
FROM LINES AND CIRCLES

四边形的基本作图方法很容易掌握。要作一个正方形或矩形的外接圆，首先作两条对角线，然后以对角线的交点为圆心，过四个顶点作圆即可。要作一个正方形的内接圆，先作两条对角线和任意一条边的中点，然后以对角线的交点为圆心，过边的中点作圆即可。

正方形或菱形的两条对角线互成直角。一个正方形的对角线和边的长度比为$\sqrt{2}:1$，这个发现印证了有些长度之间是不可通约的，也就是说，它们是不可以同时被一种长度单位所度量，不管这个单位有多精密。

图 39 引自博德雅纳所著的《绳法经》部分（公元前 800—前 600 年），当时是用来在一条东西向的直线上作一个正方形祭坛。在所有的圆都作完整的情况下，此图看上去特别优雅。

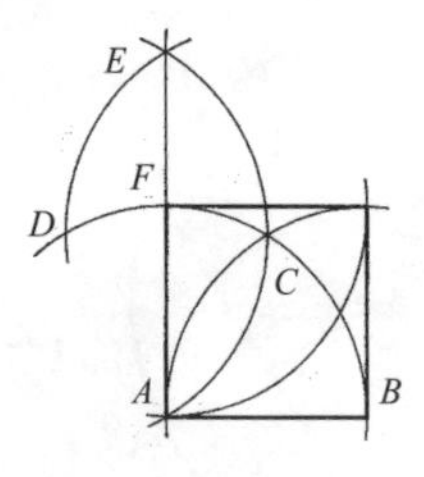

图 34. 已知一边，作正方形（方法 1）：
1）作弧 $A-B$，弧 $B-A$（C）；
2）作弧 $C-A$（D）；
3）作弧 $D-AC$，作直线 AE（F）；
4）作弧 $F-A$（结束）。

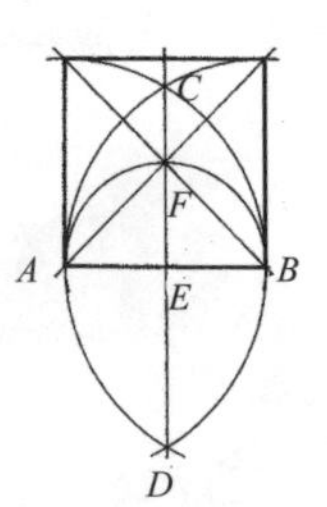

图 35. 已知一边，作正方形（方法 2）：
1）作弧 $A-B$，弧 $B-A$，作直线 CD（E）；
2）作弧 $E-AB$（F）；
3）作直线 AF，直线 BF（结束）。

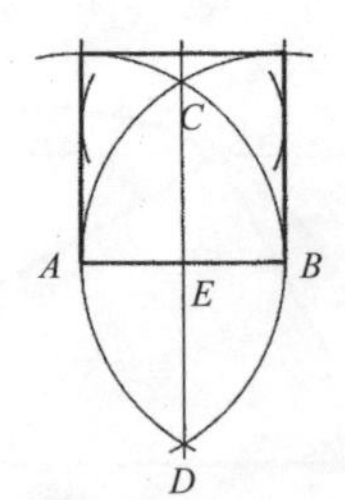

图 36. 已知一边，作正方形（方法 3）：
1）作弧 $A-B$，弧 $B-A$，作直线 CD（E）；
2）分别过点 A，点 B 作直线 CED 的平行线（结束）。

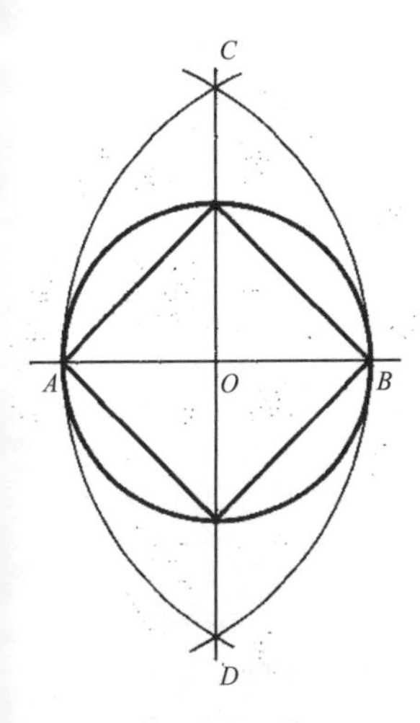

图 37. 已知圆，作圆内接正方形：
1）过圆心 O 做直线与圆 O 相交于 A，B 两点；
2）作弧 $A-B$，弧 $B-A$，相交于 C，D 两点；
3）作直线 CD（结束）。

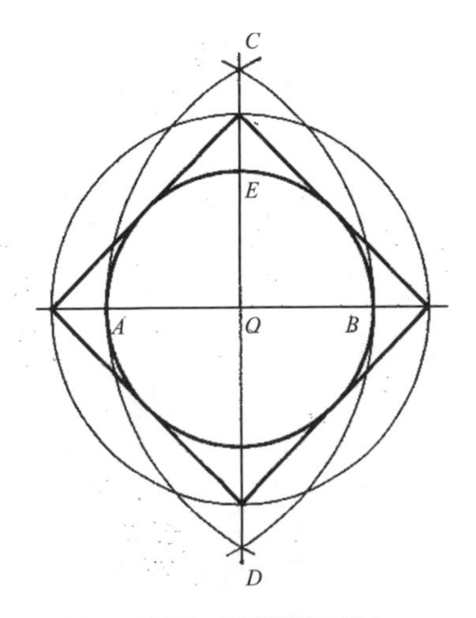

图 38. 已知圆，作圆外切正方形：
1）过圆心 O 做直线与圆 O 相交于 A，B 两点；
2）作弧 $A-B$，弧 $B-A$，相交于 C，D 两点，作直线 CD（E）；
3）以点 O 为圆心，线段 AE 为半径作圆（结束）。

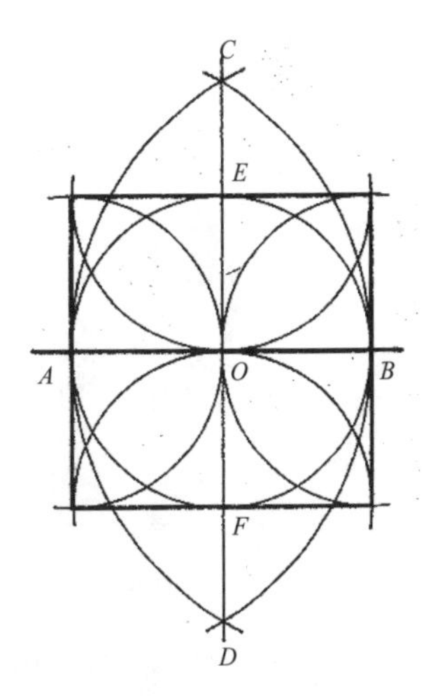

图 39. 以已知直线为中垂线，作正方形：
1）以直线上任一点 O 为圆心作圆，与该直线相交于 A，B 两点；
2）作弧 $A-B$，弧 $B-A$，相交于 C，D 两点，作直线 CD（EF）；
3）分别作弧 $A-O$，弧 $B-O$，弧 $E-O$，弧 $F-O$（结束）。

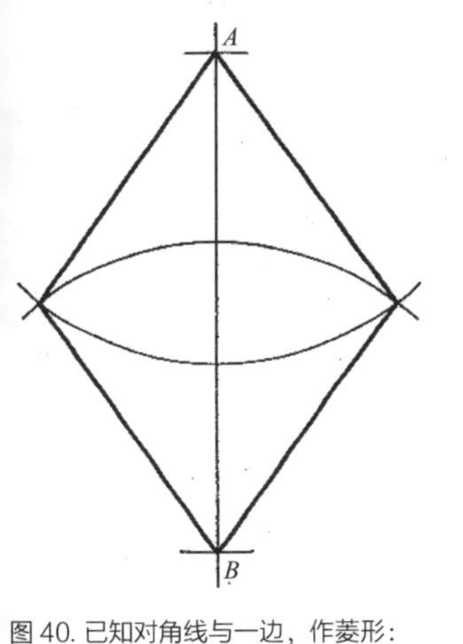

图 40. 已知对角线与一边，作菱形：
1）作一直线，取线段 AB，长度与已知对角线相等；
2）分别以点 A，点 B 为圆心，已知边长为半径作弧（结束）。

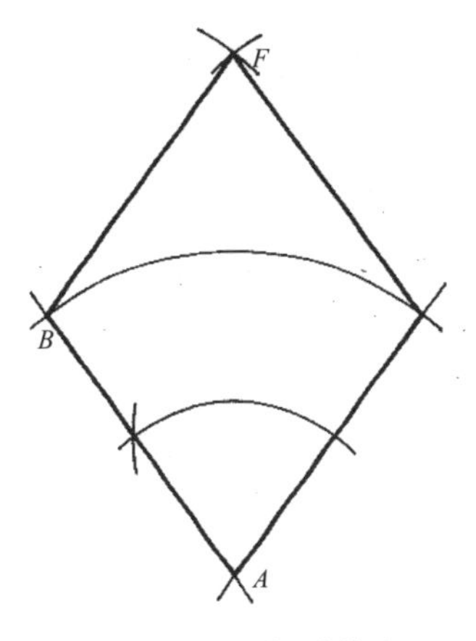

图 41. 已知一角与一边，作菱形：
1）作一直线，选任一点 A 为顶点，作一角，与已知角度数相等；
2）以点 A 为圆心，已知边长为半径作弧，与该角相交于 B，C 两点；
3）作弧 $B-A$，弧 $C-A$，交于 D（结束）。

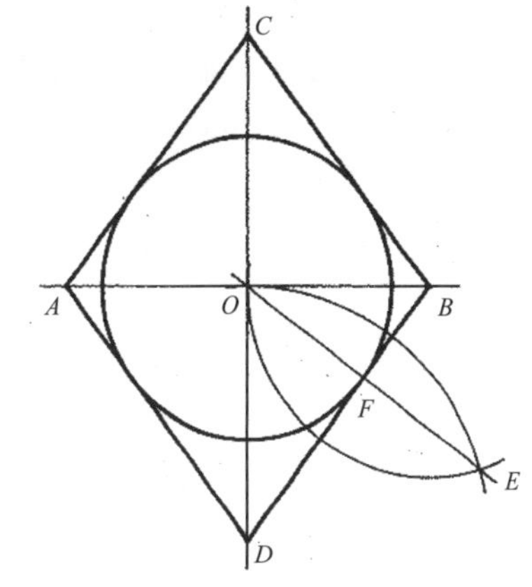

图 42. 已知◇ $ACBD$，作内切圆：
1）作直线AB，直线CD相交于点O；
2）作弧$B-O$，弧$D-O$，得另一交点E，作直线OE与线段DB相交于点F；
3）作圆 $O-F$。

正方形面积 / 比体积计算容易

SQUARE AREAS
EASIER THAN ZOLUMES

大约公元前 430 年，雅典人为了躲避当时的瘟疫，想把阿波罗的正方体祭坛的体积扩建一倍，得洛斯岛的祭司却对此提出质疑，认为他们无法做到这点（见 38 页）。在《绳法经》中，多次提及将祭坛（通常是正方形）的面积扩大一倍，而非体积，也多次提到了将正方形面积扩大或减少的方法。图 45 和图 46 引自博德雅纳所著的《绳法经》部分，均应用了勾股定理，即直角三角形的两条直角边的平方等于斜边的平方。用图 43 作一个面积减半的正方形，要先作图中虚线所示的两条对角线。图 48 应用了艾布·瓦法的正方形分割法，图中虚线所示的圆是另一种找到点 E，点 F，点 G 和点 H 的方法。

这里添加一点作图小技巧，可能会对大家有用。最常见的作图误差发生在给圆规点定位时不够精准。所以，为了避免此类错误，建议用一只手握住圆规的顶端，用另一只手指引圆规点，找到正确位置——作图时不要换手。

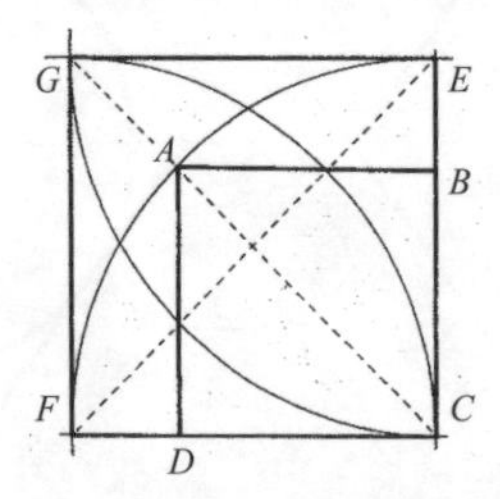

图 43. 已知□ $ABCD$，作面积为它 2 倍的正方形：
1）延长线段 CB，线段 CD；
2）作弧 $C-A$（E，F）；
3）作弧 $F-C$，弧 $E-C$（G）（结束）。
注：作面积为□ $GECF$ 的 1/2 的正方形，先作虚线所示的两条对角线。

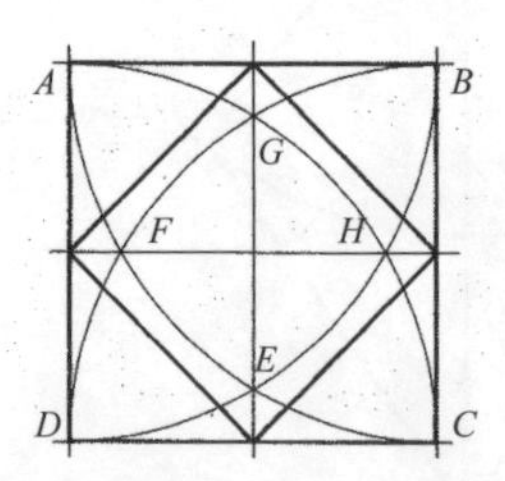

图 44. 已知□ $ABCD$，作面积为它 1/2 的正方形：
1）作弧 $A-BD$，弧 $B-AC$，弧 $C-BD$，弧 $D-AC$，得点 E—点 H；
2）作直线 EG，FH（结束）。

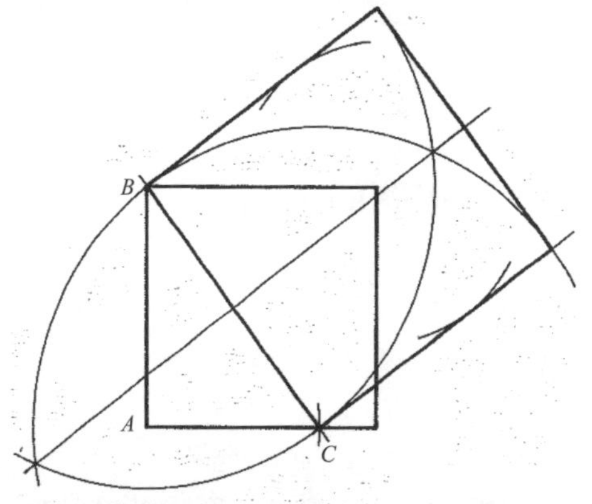

图 45. 已知两个面积不等的正方形，作一正方形，面积等于两者之和：

1）以大正方形的任一顶点 A 为圆心，以小正方形的边长为半径作弧，与大正方形的一条边相交于点 C；

2）以线段 BC 为边，作正方形（参照图 36）。

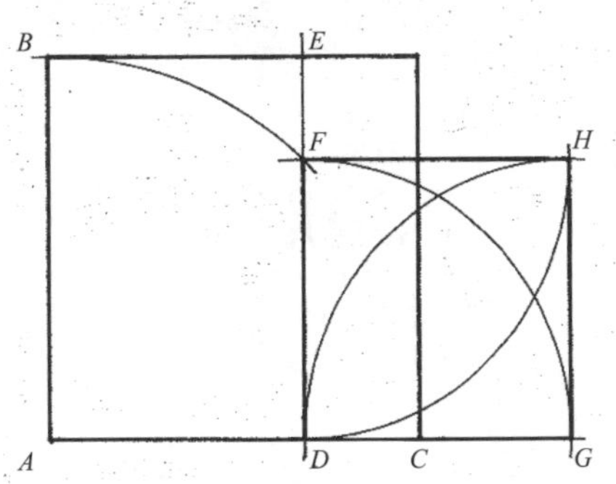

图 46. 已知两个面积不等的正方形，作一正方形，面积等于两者之差：

1）分别以大正方形的顶点 A，顶点 B 为圆心，以小正方形的边长为半径作弧，得点 D，点 E，作直线 DE；

2）延长线段 AC；

3）作弧 $A-B$（F）；

4）作弧 $D-F$（G）；

5）分别作弧 $F-D$，$G-D$（H）（结束）。

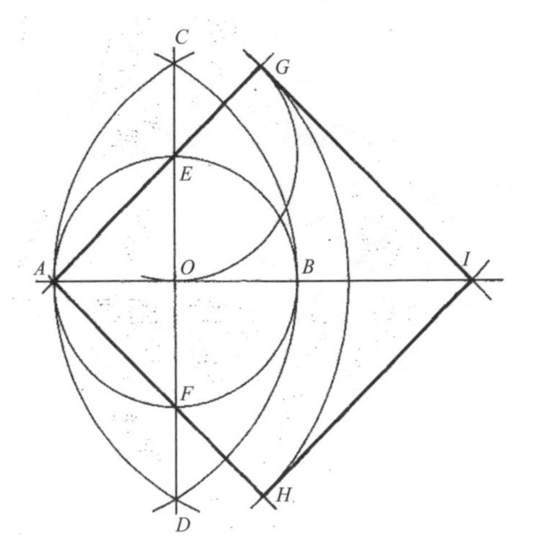

图 47. 已知对角线与边长之差的长度，作正方形：

1）作一直线，以直线上任一点 O 为圆心，以已知长度为半径作圆，得 A，B 两点；

2）作弧 $A-B$，弧 $B-A$；作直线 $CEFD$；

3）作直线 AE，直线 AF；

4）作弧 $E-O$（G）；

5）作弧 $A-G$（H）；

6）作弧 $H-A$，弧 $G-A$，相交于点 I（结束）。

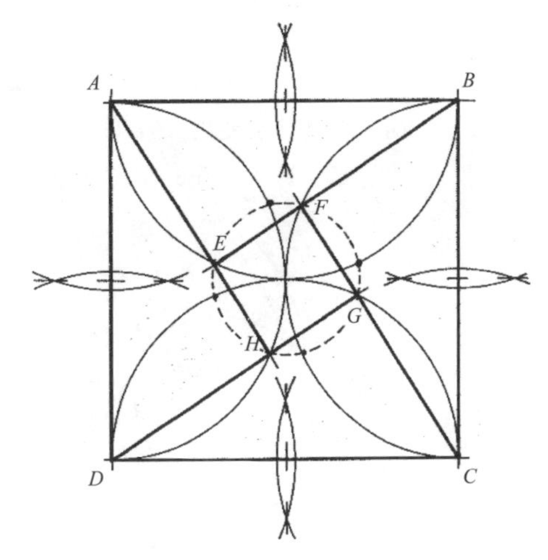

图 48. 已知□ $ABCD$，将它分割成一个正方形和四个直角三角形：

1）作正方形每条边的中点；2）分别以每个中点为圆心，过对应的点A，点B，点C，点D作半圆；3）分别以点A，点B，点C和点D为圆心，以相同合适长度为半径作弧（该长度决定了作图完成后形成的直角三角形一条边的长度），得点E—点H；4）作线段AH，线段BE，线段CF和线段DG。

六边形与十二边形 / 三和四的故事

HEXAGONS & DODECAGONS

A STORY OF THREES AND FOURS

从三角形和正方形到十二边形的旅程既简单又具启发性。图 51 也可用来作已知高的正六边形。图 54 中所示虚线既可以作为另一种作图方法，也可用来检验你所作的弧——如果弧和虚线的交点都恰好与图中吻合，说明你的作图是非常精确的。

正多边形的各个顶点都均匀分布在一个圆的圆周上。除等边三角形外，一般来说，从圆开始作一个正多边形要比从边开始更精确，因为随着边数的增加，基于边的作图会变得越来越不可靠，只有在作一个更大更复杂的图设时，才会谨慎使用。当在一张白纸上作一个正多边形时，最好先作一条中线，然后基于这条中线，作一个圆。

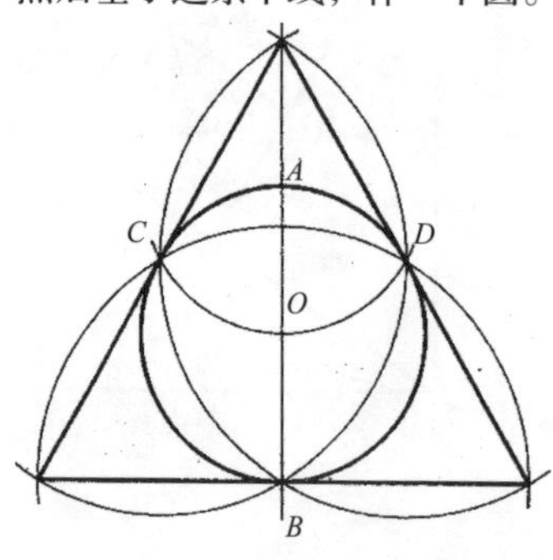

图 49. 已知圆 O，作外切等边三角形：
1）过圆心 O 作任一直线，与圆周相交于 A，B 两点；
2）作弧 $A\text{-}O$（C，D）；
3）作弧 $C\text{-}BD$，弧 $D\text{-}BC$，弧 $B\text{-}CD$（结束）。

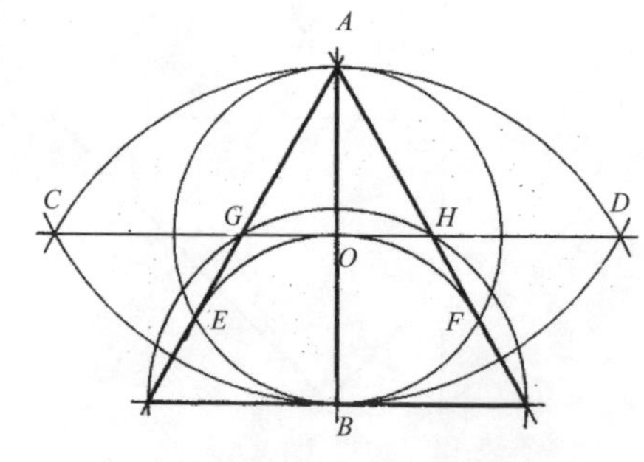

图 50. 已知高 AB，作等边三角形：
1）作弧 $A\text{-}B$，弧 $B\text{-}A$（C，D）；
2）作直线 CD（O）；
3）作圆 $O\text{-}AB$；
4）作弧 $B\text{-}O$（E，F）；
5）作直线 AE，直线 AF（G，H）；
6）作弧 $B\text{-}GH$（结束）。

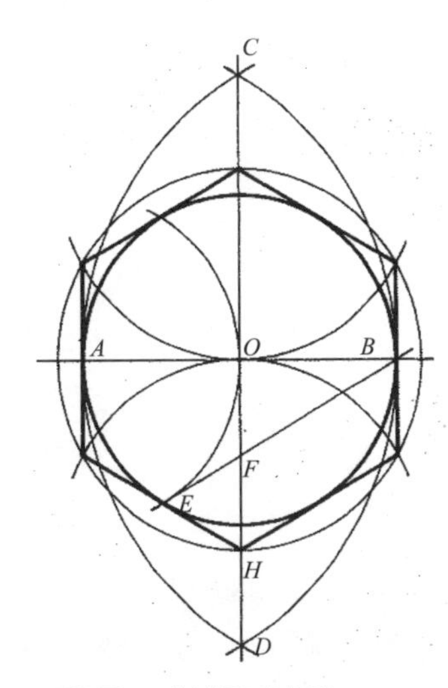

图 51. 已知圆 O，作外切正六边形：

1）过圆心 O 作任一直线，与圆周相交于 A，B 两点；

2）作弧 $A-B$，弧 $B-A$（C，D），作直线 CD；

3）作弧 $A-O$（E）；

4）作直线 EB（F）；

5）以点 O 为圆心，线段 BF 为半径作圆（G，H）；

6）作弧 $G-O$，弧 $H-O$（结束）。

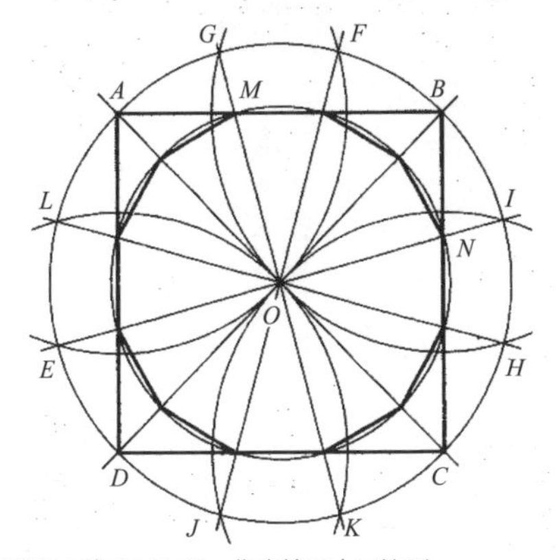

图53. 已知□$ABCD$，作内接正十二边形：

1）作直线AC，直线BD（O）；

2）作圆$O-ABCD$；

3）作弧$A-O$，弧$B-O$，弧$C-O$，弧$D-O$（点E—点L）；4）作直线EI（N），直线LH，直线GK（M），直线FJ（M，N）；

5）作圆$O-MN$（结束）。

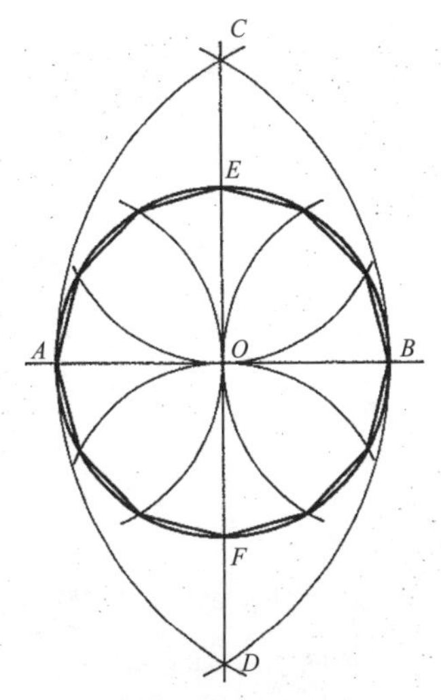

图 52. 已知圆 O，作内接正十二边形：

1）过圆心 O 作任一直线，与圆周相交于 A，B 两点；

2）作弧 $A-B$，弧 $B-A$（C，D），作直线 $CEFD$；

3）作弧 $A-O$，弧 $E-O$，弧 $B-O$，弧 $F-O$（结束）。

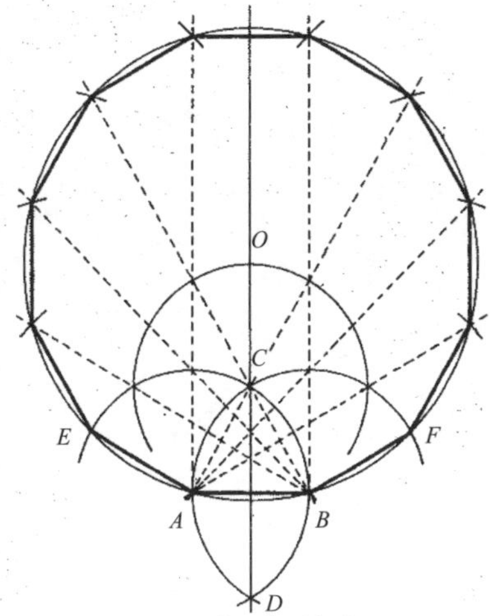

图 54. 已知一边 AB，作正十二边形：

1）作弧 $A-B$，弧 $B-A$（C，D），作直线 CD；

2）以点 C 为圆心，边 AB 为半径作弧，与直线 CD 相交于点 O；

3）作圆 $O-AB$（E，F）；

4）分别以点 A，点 B，点 E，点 F 为圆心，线段 OA 为半径作弧与圆 $O-AB$ 相交，再分别以新得到的交点为圆心，相等长度为半径作弧（结束）。

八边形 /完美图形
OCTAGONS
SOMETHING PERFECT

八边形可以很自然地从正方形作得。图56可以与图38或图39结合，来作一个已知边长的八边形，作图步骤1是以边长的1/2为半径作第一个圆。图58可以指导读者如何将一段距离绕着圆周移动；将圆规张开至已知边长的长度，以此为半径，在圆周上作弧，然后以新得到的交点为圆心，以相等长度为半径，沿着圆周不停作弧，直至多边形的所有顶点全部作出。

多边形的对角线是指连接多边形任意两个不相邻顶点的线段。以内接于半径为1的圆或单位圆的任意正多边形为例，将交于多边形任一顶点的对角线及两条边的长度全部相乘，得出的结果就是这个多边形的边数。大家可以用正方形，六边形或八边形来验算下。

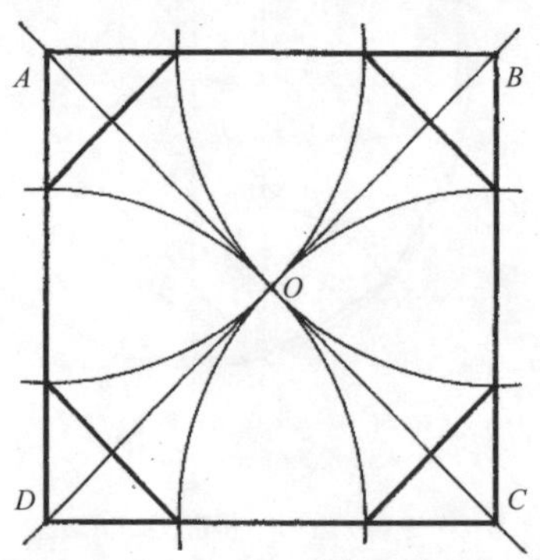

图 55. 已知□ *ABCD*，作内接正八边形：
1）作直线 *AC*，*BD*（*O*）；
2）作弧 *A*−*O*，*B*−*O*，*C*−*O*，*D*−*O*（结束）。

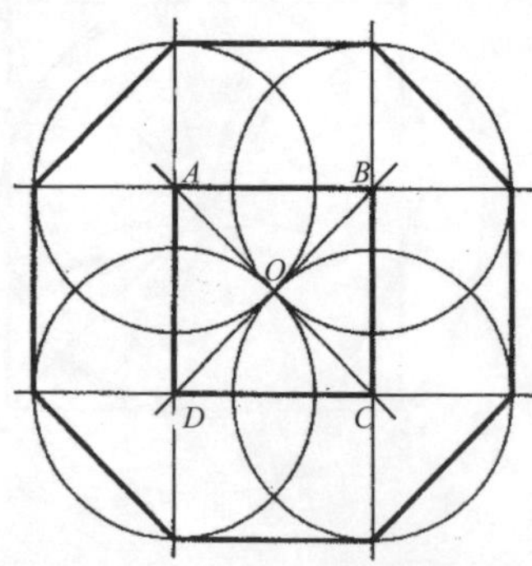

图 56. 已知□ *ABCD*，作正八边形：
1）作直线 *AC*，*BD*（*O*）；
2）作圆 *A*−*O*，圆 *B*−*O*，圆 *C*−*O*，圆 *D*−*O*；
3）作直线 *AB*，直线 *BC*，直线 *CD*，直线 *DA*（结束）。

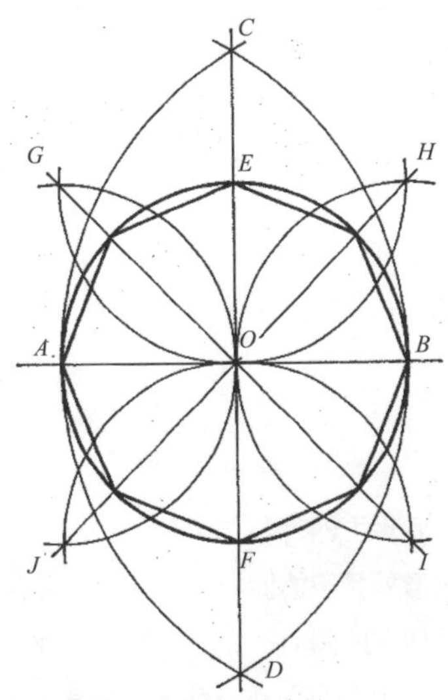

图 57. 已知圆 O，作内接正八边形：

1）过圆心 O 作任一直线，与圆周相交于 A，B 两点；

2）作弧 $A-B$，弧 $B-A$（C，D），作直线 CD（EF）；

3）作弧 $A-O$，弧 $E-O$，弧 $B-O$，弧 $F-O$（G，H，I，J）；

4）作直线 GI，直线 HJ（结束）。

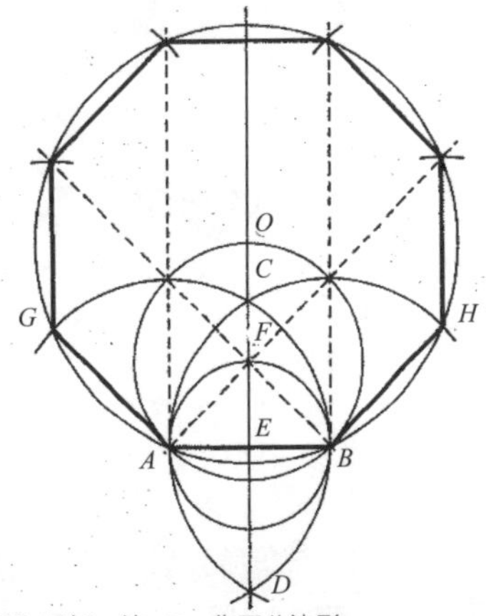

图 58. 已知一边 AB，作正八边形：

1）作弧 $A-B$，弧 $B-A$（C，D），作直线 CD（E）；

2）作圆 $E-AB$（F）；

3）作圆 $F-AB$（O）；

4）作圆 $O-AB$（G，H）；

5）分别从点 G，点 H 绕着圆周移动线段 AB，直至找到正八边形的所有顶点（完成）。

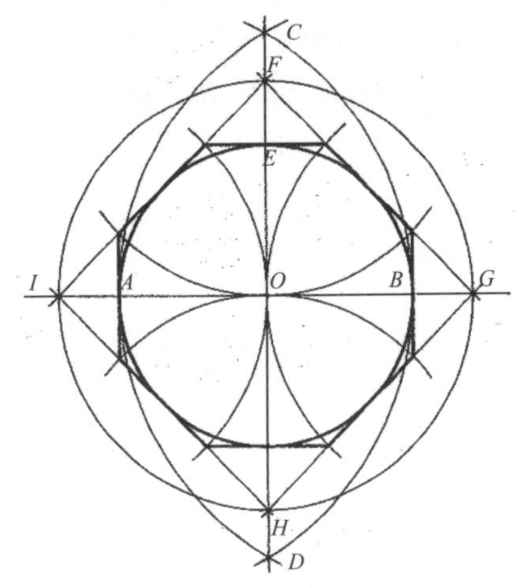

图 59. 已知圆 O，作外切正八边形：

1）过圆心 O 作任一直线，与圆周相交于 A，B 两点；

2）作弧 $A-B$，弧 $B-A$（C，D），作直线 CD（E）；

3）以点O为圆心，线段AE为半径作圆（F，G，H，I）；

4）作直线 FG，直线 GH，直线 HI，直线 IF；

5）作弧 $F-O$，弧 $G-O$，弧 $H-O$，弧 $I-O$（结束）。

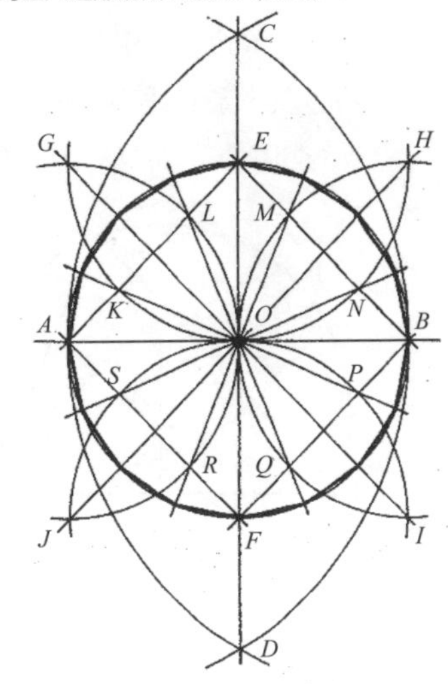

图60. 已知圆O，作内接正十六边形：

1）过圆心O作任一直线，与圆周相交于A，B两点；2）作弧$A-B$，弧$B-A$（C，D），作直线CD（EF）；3）作弧$A-O$，弧$E-O$，弧$B-O$，弧$F-O$（G，H，I，J）；4）作直线GI，直线HJ；5）作直线AE，直线EB，直线BF，直线FA（K，L，M，N，P，Q，R，S）；6）作直线KP，直线LQ，直线MR，直线NS（结束）。

三角形的心 /三心一线

TRIANGLE CENTRES

THE ONE IN THE THREE

三角形有数以百计的心，但古希腊人只发现了四种。三角形的外心是三角形三条边的垂直平分线的交点，也是三角形外接圆的圆心（此定理可用于找到一个圆的圆心）。三角形的内心，即内切圆的圆心，是三角形内角平分线的交点，可以用来作正多边形的内切圆。三角形的重心，是连接三角形的顶点与对边中点的三条中线的交点。三角形的垂心是三角形的三条高或其延长线的交点。

在等边三角形中，这四个心是重合的。在其他三角形中，外心、重心和垂心在一条直线上，此定理由莱昂哈德·欧拉于1765年首次提出，故该线被称为欧拉线。而且有趣的是，重心到垂心的距离是重心到外心距离的两倍。

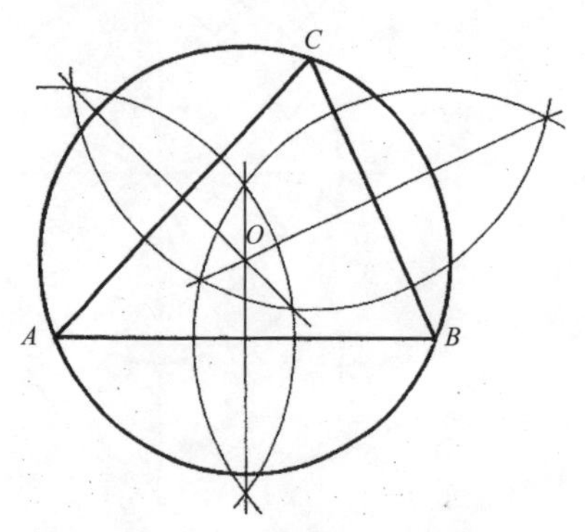

图61. 已知△ ABC，作其外心及外接圆：
1）分别作线段 AB，线段 BC，线段 CA 的中垂线，相交于点 O；
2）作圆 $O-ABC$。

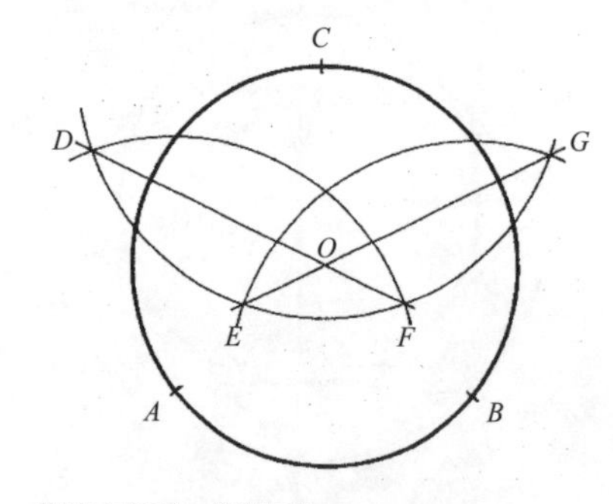

图62.已知圆，作其圆心：
1）在圆周上作距离大概相等的三点（A，B，C）；
2）分别以点A，点B，点C为圆心，相等长度为半径作弧，得交点$D-G$；
3）作直线DF，EG，交于点O。

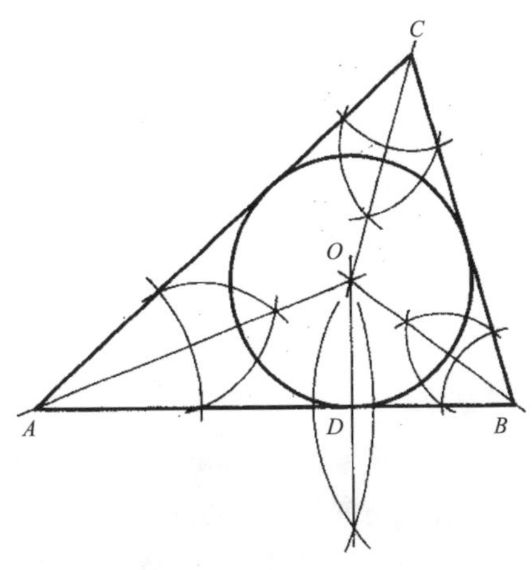

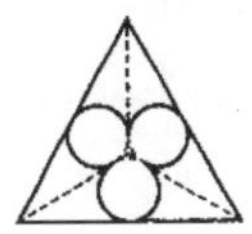
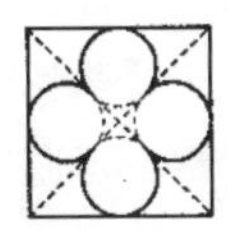
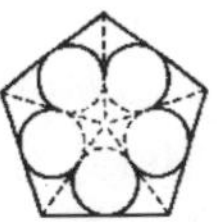

图 63. 已知△ *ABC*，作其内心及内切圆：
1）作∠ *CAB*，∠ *ABC*，∠ *BCA* 的平分线，相交于点 *O*；
2）过点 *O* 作边 *AB* 的垂直线，得交点 *D*；
3）作圆 *O*–*D*。

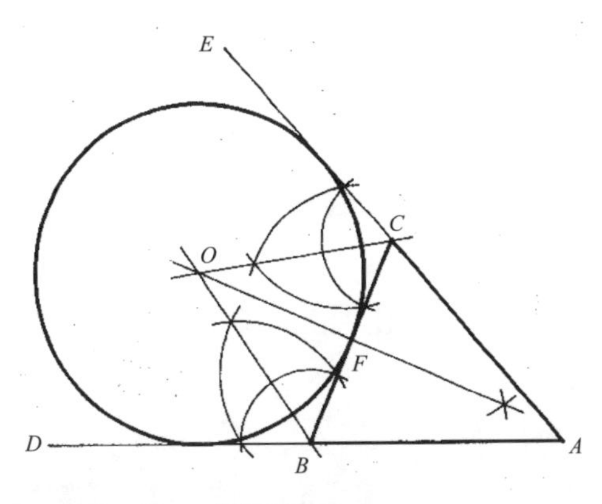

图 64. 已知△ *ABC*，作其旁切圆：
1）延长边 *AB*，边 *AC*，在延长线上分别作任意点 *D*，点 *E*；
2）作∠ *BCE*，∠ *CBD* 的平分线，相交于点 *O*；
3）过点 *O* 作边 *BC* 的垂直线，相交于点 *F*；
4）作圆 *O*–*F*。

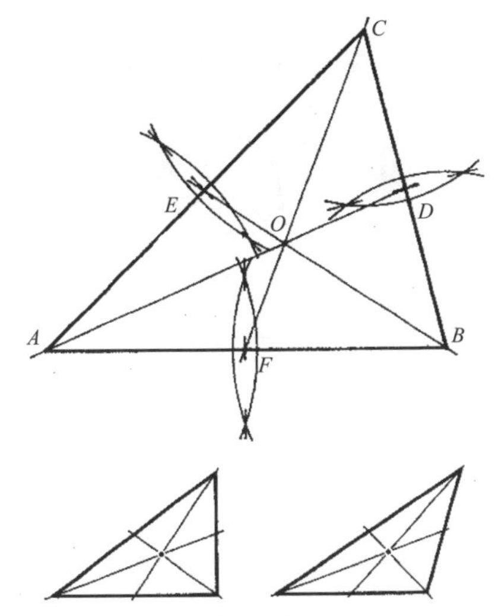

图 65. 已知△ *ABC*，作其重心：
1）分别作边 *BC*，边 *CA*，边 *AB* 的中点（*D*，*E*，*F*）；
2）作直线 *AD*，直线 *BE*，直线 *CF*，相交于点 *O*。

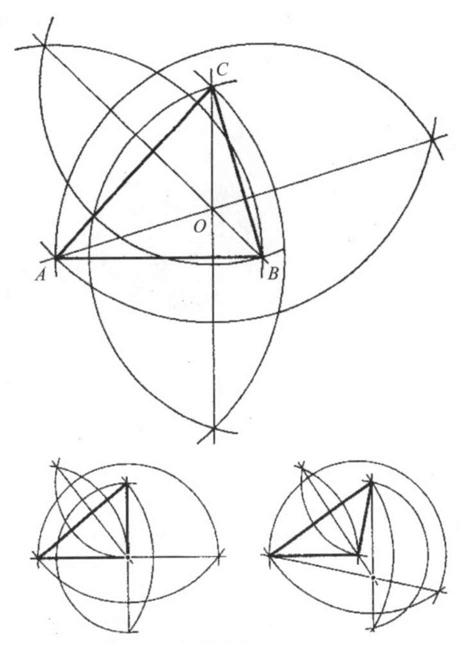

图 66. 已知△ *ABC*，作其垂心：
1）过点 *A* 作边 *BC* 的垂直线；
2）过点 *C* 作边 *AB* 的垂直线；
3）过点 *B* 作边 *AC* 的垂直线，三条垂直线相交于点 *O*。

内切圆 /别忘了半圆

INSCRIBED CIRCLES AND SEMICIRCLES

多个相切圆的作图会非常棘手。我们的眼睛对于两圆的相切特别的敏感，如果短了或者过了，哪怕是一点点，整个的构想都会因为糟糕的作图而功亏一篑。为避免此类情况发生，在作图的某些步骤，圆规张开的距离需参考多处长度应该相等的线段，并用眼睛来谨慎判定一个平均值。图67和图68就使用了“=”来表示所用的那些长度。

如前图63，图69至图72可为设计圆形或半圆形的窗花格提供一些实用原则。

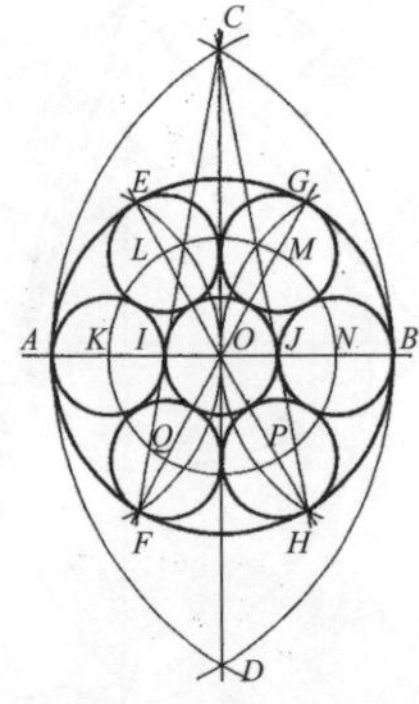

图67. 已知圆O，在圆内作7个相切圆：1）过圆心O，作任一直线（A，B）；2）作弧$A-B$，弧$B-A$（C，D），作直线CD；3）作弧$A-O$，弧$B-O$（E，F，G，H），作直线EH，GF；4）作直线CF，直线CH（I，J）；5）以点O为圆心，线段$AI=IJ=JB$为半径作圆（点$K-Q$）；6）分别以点$K-Q$为圆心，线段$OI=OJ$为半径作圆。

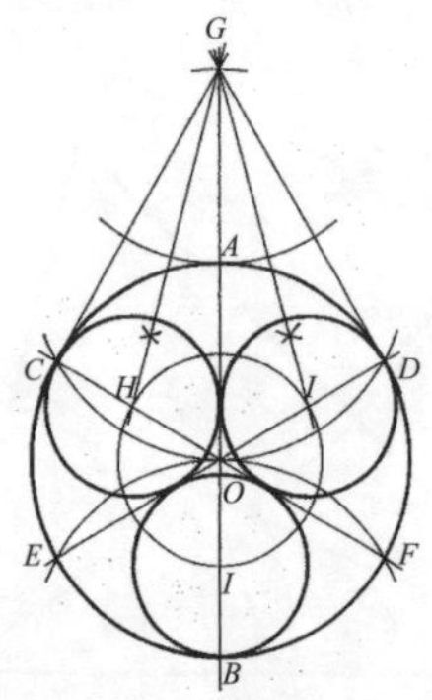

图68. 已知圆O，作三个内切圆：1）过圆心O，作任一直线（A，B）；2）作弧$A-O$，弧$B-O$（C，D，E，F），作直线CF，DE；3）以点O为圆心，线段AB为半径作弧（G）；4）分别作$\angle OGC$，$\angle OGD$的平分线（H，I）；5）作圆$O-HI$（J）；6）分别以点H，点I，点J为圆心，线段$HC=ID=JB$为半径作圆。

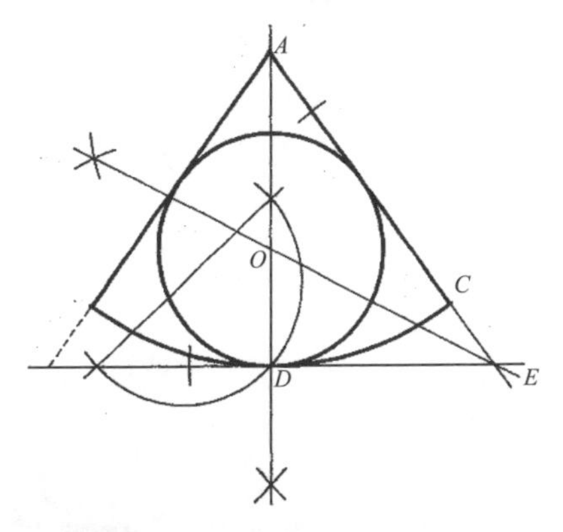

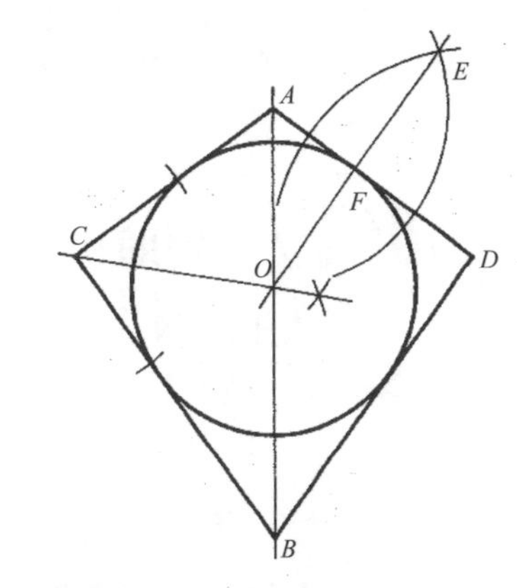

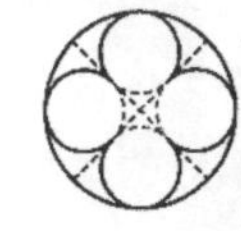
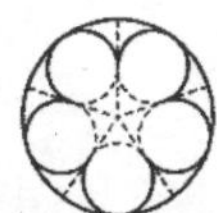
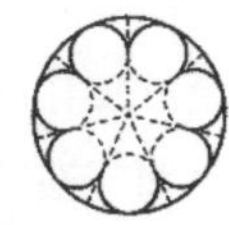
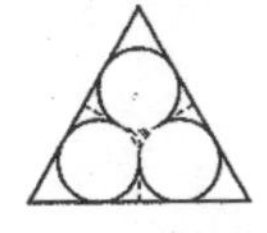
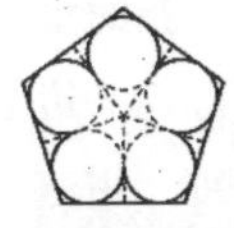
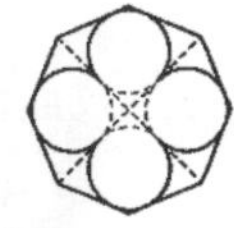

69. 已知扇形，作内切圆：

1）作∠ *BAC* 角的平分线（*D*）；
2）过点 *D* 作直线 *AD* 的垂直线；
3）延长边 *AC*（*E*）；
4）作∠ *AED* 的平分线（*O*）；
5）作圆 *O*–*D*。

图 70. 已知筝形，作内切圆：

1）作直线 *AB*；
2）作∠ *ACB* 的平分线（*O*）；
3）作弧 *A*–*O*，弧 *D*–*O*（*E*）；
4）作直线 *OE*（*F*）；
5）作圆 *O*–*F*。

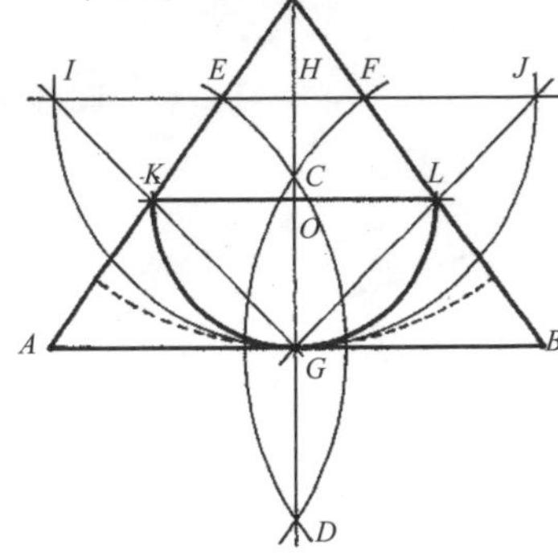

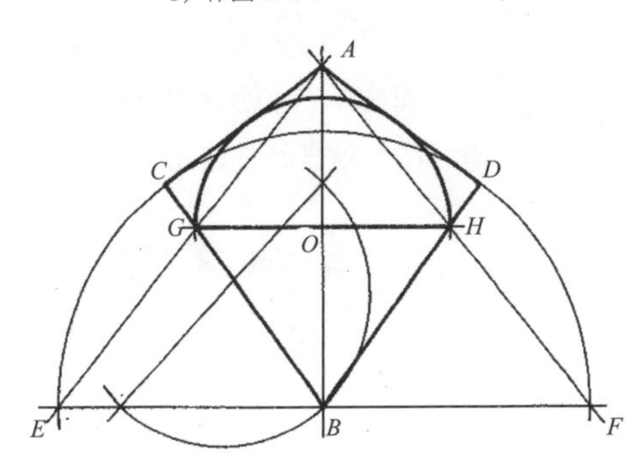

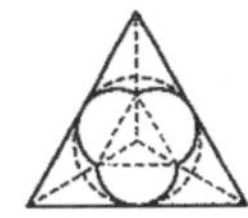
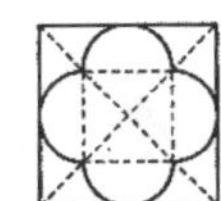
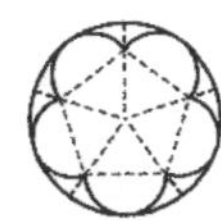
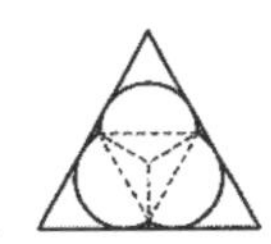
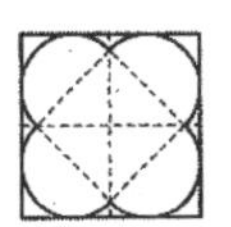
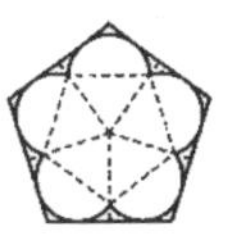

图71. 已知等腰三角形，作内切半圆：

1）分别以点*A*，点*B*为圆心，相等长度为半径作弧（*C*–*F*）；2）作直线*CD*（*G*）；
3）作直线*EF*（*H*）；4）作弧*H*–*G*（*I*，*J*）；
5）作直线*IG*，直线*JG*（*K*，*L*）；6）作直线*KL*（*O*）；
7）作弧*O*–*KGL*。

图72. 已知有两个直角的筝形，作内切半圆：

1）作直线*AB*；　2）过点*B*作直线*AB*的垂直线；
3）作弧*B*–*CD*（*E*，*F*）；
4）作直线*AE*，直线*AF*（*G*，*H*）；
5）作直线*GH*（*O*）；6）作弧*O*–*GH*。

切线 / 点到即止

TANGENTS

JUST A TOUCH

切线指的是一条刚好接触到圆周上某一点的直线。作切线时，只需将直尺放在圆周的边上画一条直线。这虽然不是欧氏作图方法，但是如果你作图足够仔细，用这个方法也可以作出切线。然而，通常情况下，在实际的作图过程中，这个触点需要很精确，而我们的眼睛又无法保证这点，所以建议用更严格的方法来作切线。下面我们将会介绍这些方法。

图77适用于外离，相切或相交的圆，但不适用于半径相等的圆。对于相似大小的圆来说，此作图方法可能会显得更糟糕。如果两圆相切，内切线是过两圆切点的切线，如果两圆相交，则没有内切线。

作圆的公切线是很棘手的，但是作同时与不止一条直线相切的圆却不难，图79就已经是这几页中最难的正确作图方法了。

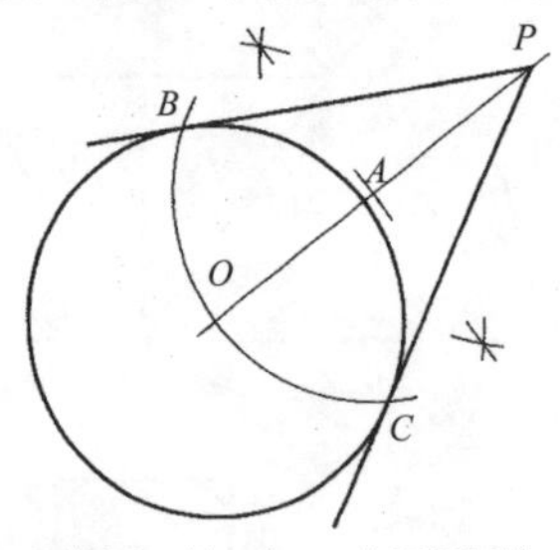

图 73. 已知圆 O 外一点 P，作两条切线：
1）作线段 OP 的中点 A；
2）作弧 $A-O$（B，C）；
3）作直线 BP，直线 CP。

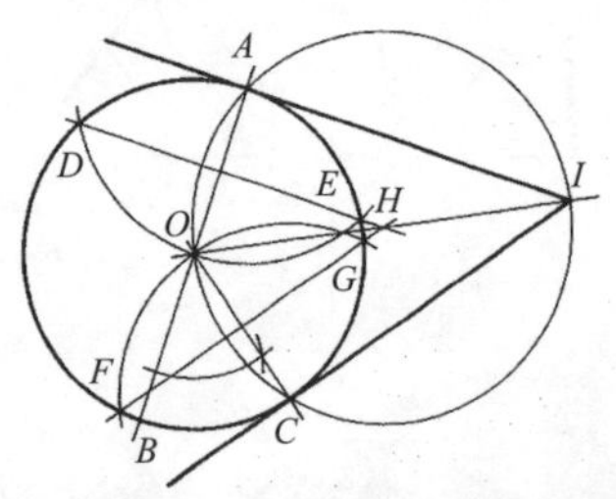

图 74. 已知圆 O 和已知角，作两条切线，且形成的夹角与已知角相等：
1）过圆心O，作任一直线（A，B）；2）以点O为顶点，直线OB为一条边，作一角与已知角度数相等（C）；3）作弧$A-O$，弧$C-O$（D，E，F，G）；4）作直线DE，直线FG（H）；5）作直线OH；6）作圆$H-O$（I）；7）作直线IA，直线IC。

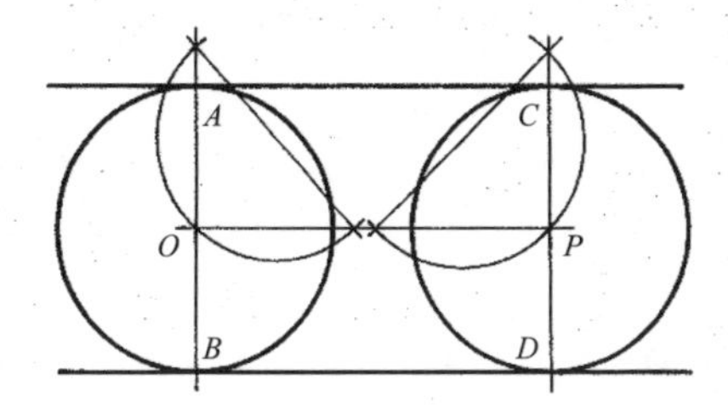

图 75. 已知圆 O 和圆 P，大小相等，作外切线：
1）作直线 OP；
2）分别过点 O，点 P 作直线 OP 的垂直线（A，B，C，D）；
3）作直线 AC，BD。

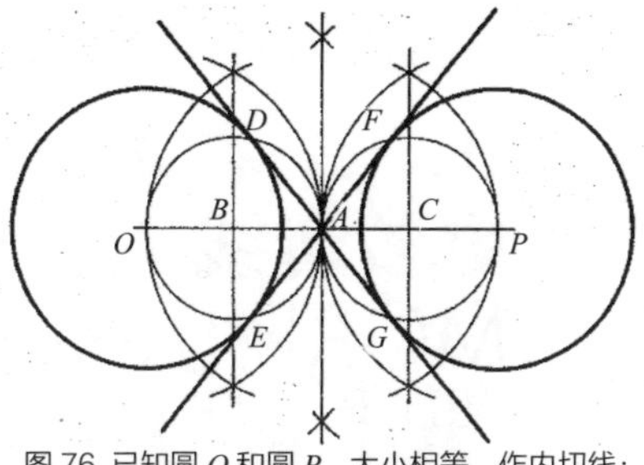

图 76. 已知圆 O 和圆 P，大小相等，作内切线：
1）作线段 OP 的中点（A）；
2）分别作线段 OA，线段 PA 的中点（B，C）；
3）作圆 $B-O$，圆 $C-P$（D，E，F，G）；
4）作直线 DG，直线 EF。

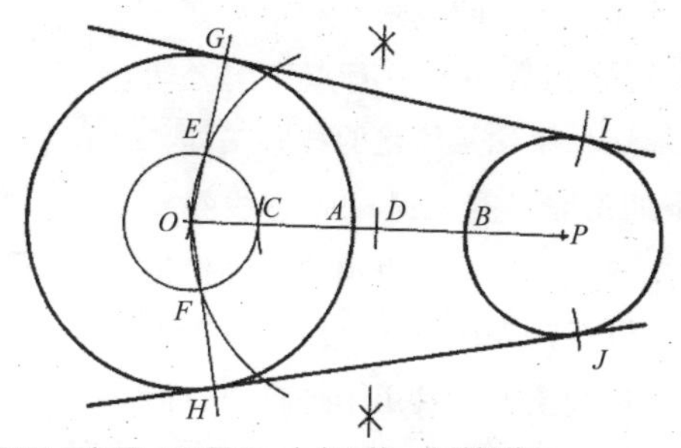

图 77. 已知圆 O 和圆 P，大小不等，作外切线：
1）作直线OP（A，B）；2）以点A为圆心，PB为半径作弧（C）；3）作圆$O-C$；4）作线段OP的中点（D）；5）作弧$D-O$（E，F）；6）作直线OE，直线OF（G，H）；7）分别以点G，点H为圆心，线段$PE=PF$为半径作弧（I，J）；8）作直线GI，直线HJ。

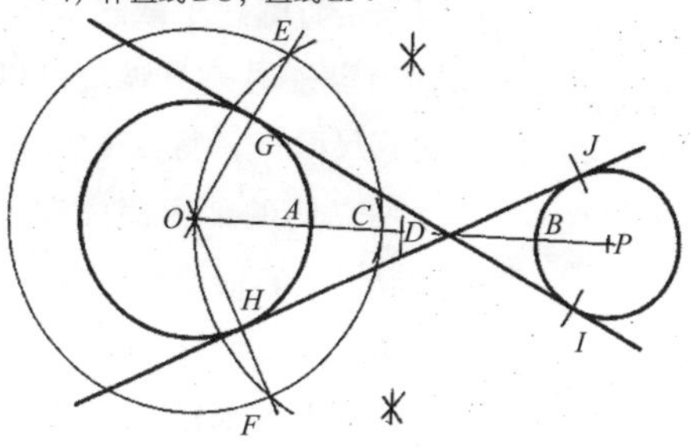

图 78. 已知圆 O 和圆 P，大小不等，作内切线：
1）作直线OP（A，B）；2）以点A为圆心，PB为半径作弧（C）；3）作圆$O-C$；4）作线段OP的中点（D）；5）作弧$D-O$（E，F）；6）作直线OE，直线OF（G，H）；7）分别以点G，点H为圆心，线段$PE=PF$为半径作弧（I，J）；8）作直线GI，直线HJ。

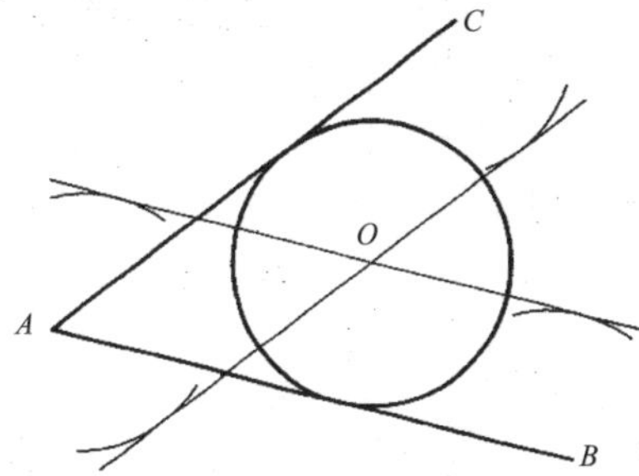

图 79. 已知直线 AB，直线 AC，作一已知半径的圆，与两条直线相切：
1）以已知半径为距离，分别作直线 AB，直线 AC 的平行线，并相交于点 O；
2）以点 O 为圆心，相等距离为半径作圆。

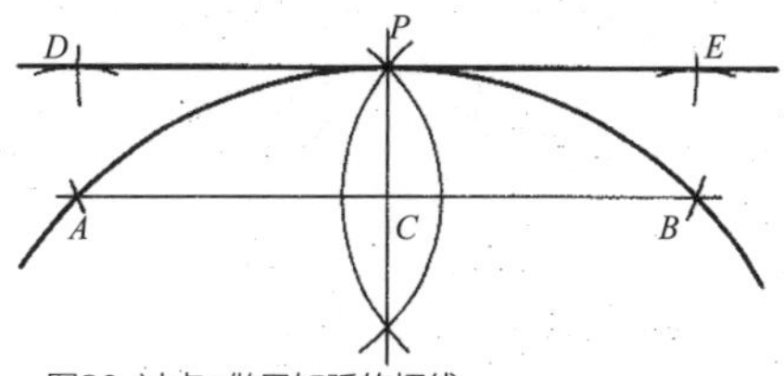

图80. 过点P做已知弧的切线：
1）以点P为圆心，任意长度为半径作弧（A，B）；2）作直线AB；
3）过点P作直线AB的垂直线（C）；
4）分别以点A，点B为圆心，线段PC为半径作弧；5）以点P为圆心，线段$AC=BC$为半径作弧（D，E），作直线DPE。

更多切线 / 无穷尽也

MORE TANGENTS

WILL IT EVER END

圆规是将圆这个概念具体化的技术工具。圆规张开一定角度，一只脚固定，另一只脚就可以将离固定点等距的所有点作出。然而，对直尺而言，与其说它是将直线这个概念具体化的技术工具，可以将两点间的最短距离作出，不如说它本身就是一条直线的模型，可以沿着它的边缘复制一条直线。类似的情况也出现在古代用楔子和绳子作几何图中，人们将绳子拉直，来作一条直线，或者在楔子的帮助下，来作一个圆。确实有各种技术工具用于作直线，但在实际作图中，它们并不实用。要检验你的尺是否直，可以先用它来作有一定距离的两点间的一条线，再将尺翻转180度，用相同的边缘作另一条线。如果两条线之间存在有任何的空隙，则说明你的尺不是直的。

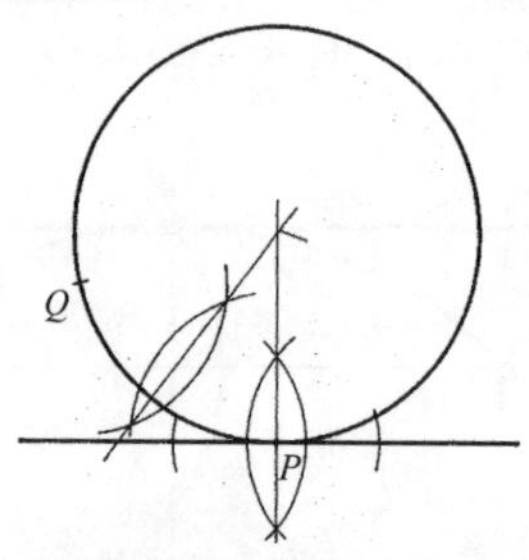

图 81. 过已知直线上点 P 与直线外点 Q 作一圆与直线相切：
1）过点 P 作该直线的垂直线；
2）作线段 PQ 的垂直平分线（O）；
3）作圆 $O-PQ$。

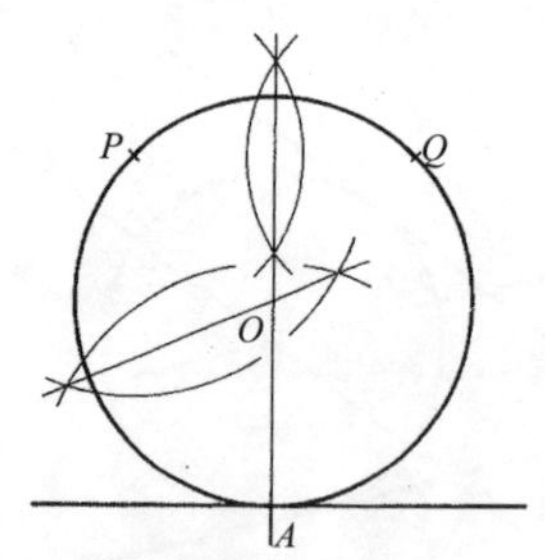

图 82. 已知 P，Q 两点与一直线等距，过此两点作一圆与该直线相切：
1）作线段 PQ 的垂直平分线（A）；
2）作线段 AP 的垂直平分线（O）；
3）作圆 $O-APQ$。

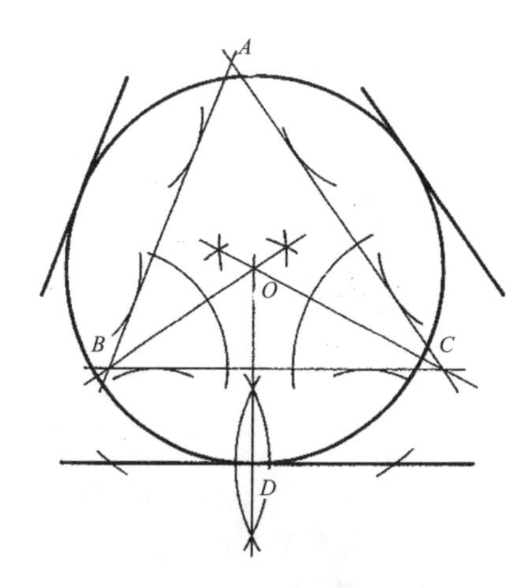

图 83. 作一圆与三条已知线段同时相切：

1）以相等距离分别作三条已知线段的平行线（A，B，C）；

2）分别作$\angle ABC$，$\angle ACB$的平分线（O）；

3）过点O做任一条已知线段的垂直线（D）；

4）作圆$O-D$。

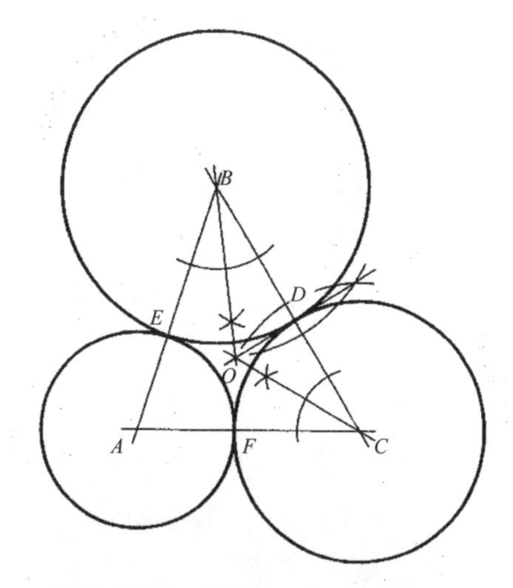

图 84. 以已知三点为圆心，作三个圆相切：

1）分别作直线AB，直线BC，直线CA；

2）分别作$\angle ABC$，$\angle ACB$的平分线（O）；

3）过点O作直线BC的垂直线（D）；

4）作圆$B-D$，圆$C-D$（E，F）；

5）作圆$A-EF$。

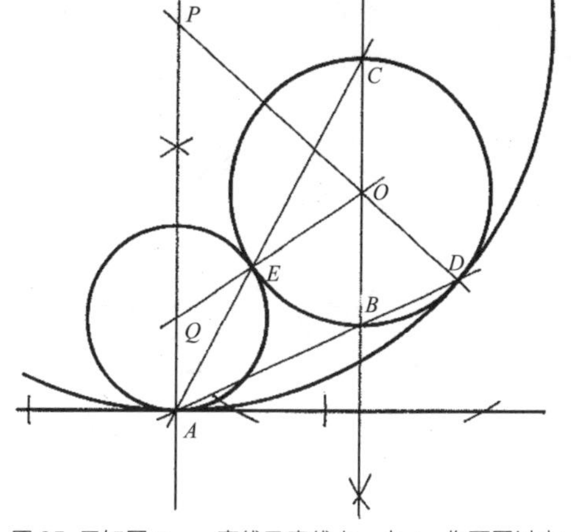

图 85. 已知圆O，一直线及直线上一点A，作两圆过点A且同时与圆O和直线相切：

1）分别过点A，点O作已知直线的垂直线（B，C）；

2）作直线AB，直线AC（D，E）；

3）作直线OD，直线OE（P，Q）；

4）作圆$P-A$，圆$Q-A$。

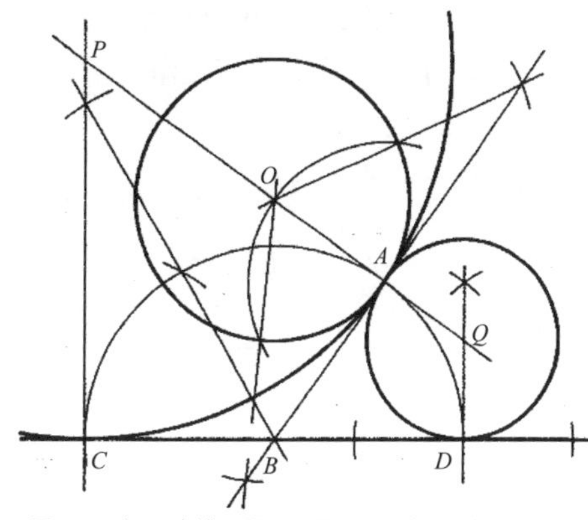

图86. 已知一直线，圆O及圆周上一点A，作两圆过点A且同时与圆O和直线相切：

1）作直线OA；

2）过点A作圆O的切线（B）；

3）作弧$B-A$（C，D）；

4）分别过C，D两点作已知直线的垂直线（P，Q）；

5）作圆$P-C$，圆$Q-D$。

更多内切圆 /圆中之圆
MORE INSCRIBED CIRCLES
CIRCLES WITHIN CIRCLES

内切圆图案在中世纪的窗花格中应用得十分广泛。但是，当时的设计是依赖简单的经验主义所作的尝试，常常出错，而不是遵循本文中提及的这些精确作图技巧。

图 87 引自里昂·班考夫（卒于 1997 年）所作的 *arbelos* 图案，*arbelos* 一词源自古希腊语，意思是鞋匠的刀，该图由在同一条直线上作三个相切的半圆而成。图 88 尤其有趣，不管将它分割成几份，每一份的面积和周长都相等。图 90 中的各内切圆半径比例为 3∶2∶1。图 89 与图 91 要更复杂一些，但适用于各种类似作图。比如，在一个正七边形中作 22 个内切圆，先将正七边形的各顶点与中点相连，用图 91 在每个等腰三角形中作 3 个内切圆的方法，作 21 个圆，最后再作一个中心圆。

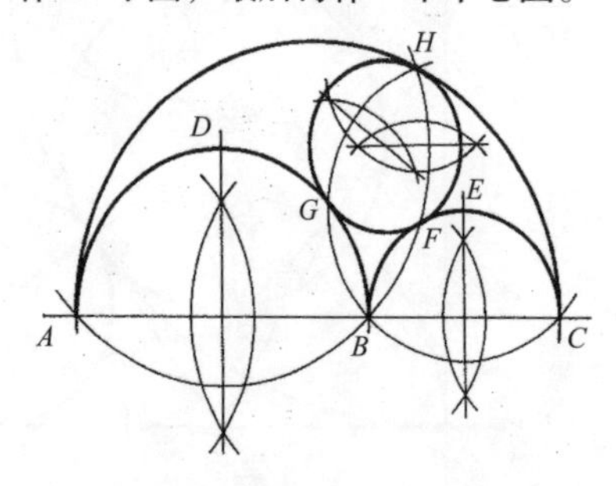

图 87. 已知一个 arbelos，作一个内切圆：
1）作线段 *AB* 的垂直平分线（*D*）；
2）作线段 *BC* 的垂直平分线（*E*）；
3）作弧 *D*–*AB*，弧 *E*–*CB*（*F*，*G*，*H*）；
4）过点 *F*，点 *G*，点 *H* 作圆。

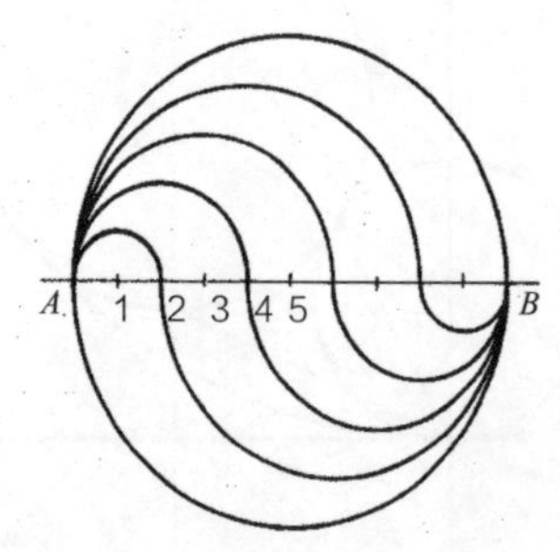

图 88. 作一圆，并将其等分：
1）作一直线，取 *A*，*B* 两点，将线段 *AB* 分成任意偶数段（此图为 10 段）；
2）过点 *A*，依次以 1，2，3，4，5 为圆心作半圆；
3）过点 *B*，依次以 5，6，7，8，9 为圆心在直线的另一侧作半圆。

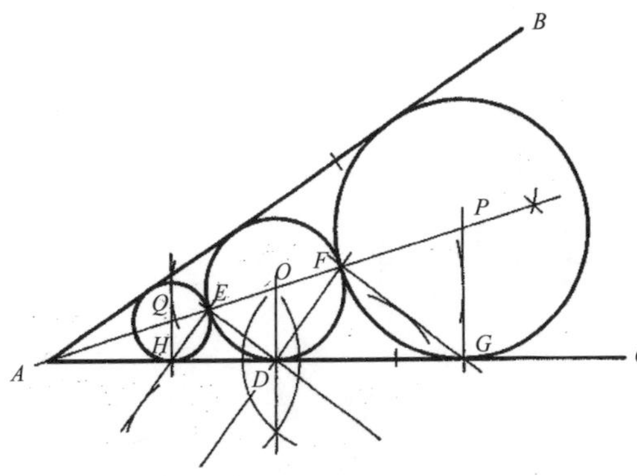

图 89. 已知直线 AB，直线 AC，作多个圆与两条直线同时相切：

1）作∠ BAC 的平分线；
2）过平分线上任意点 O 做直线 AC 的垂直线（D）；
3）作圆 $O-D$（E，F）；
4）作直线 ED，直线 FD；
5）过点 F 做直线 ED 的平行线（G）；
6）过点 E 做直线 FD 的平行线（H）；
7）分别过点 G，点 H 作直线 OD 的平行线（P，Q）；
8）作圆 $P-G$，圆 $Q-H$。

如需作更多圆，重复以上步骤。

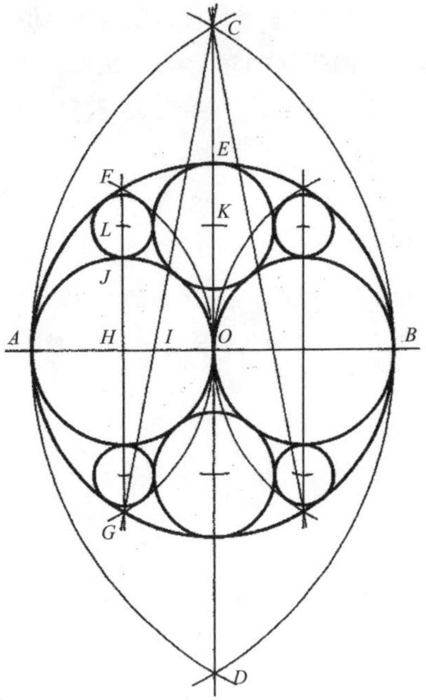

图 90. 已知圆 O，作八个内切圆：

1）过圆心 O 作任一直线（A，B）；
2）作弧 $A-B$，弧 $B-A$（C，D），作直线 CD（E）；

以下各步骤需在水平和垂直方向另一侧再做一次：

3）作弧 $A-O$（F，G），作直线 FG（H）；
4）作直线 CG（I）；5）作圆 $H-O$（J）；
6）以点 E 为圆心，线段 IO 为半径作弧（K）；
7）作圆 $K-E$；8）以点 J 为圆心，线段 HI 为半径作弧（L）；
9）作圆 $L-J$。

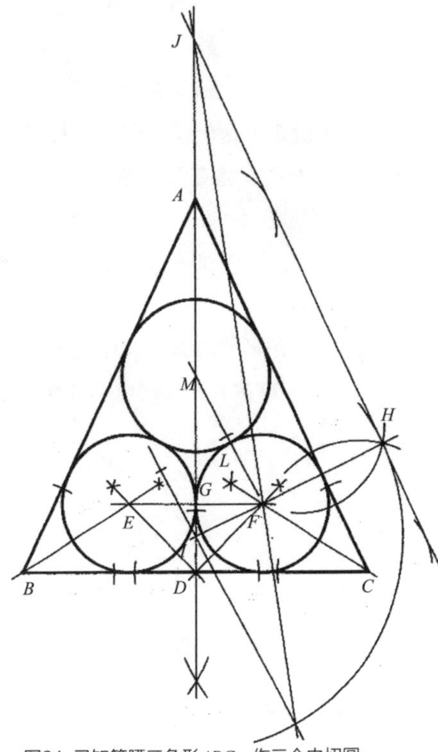

图91. 已知等腰三角形ABC，作三个内切圆：

1）过点A作边BC的垂直线（D）；2）作∠ABC，∠ACB的平分线；3）作∠ADB，∠ADC的平分线（E，F）；4）作直线EF（G）；5）作圆$E-G$，圆$F-G$；6）以边AC上任意两点为圆心，过点F分别作弧（H），作直线HF（I）；7）过点H做边AC的平行线（J）；8）作弧$G-H$；9）作直线JF（K）；10）作直线IK；11）过点F做直线IK平行线（L，M）；12）作圆$M-L$。

分割线段 / 不偏不倚
DIVIDING A SEGMENT
FAIR PORTIONS

有时候线段需要精确分割。图 92 和图 93 分别将一条线段分割成几等份或既定的比例。在图 93 中，我们可以使用任意的两个长度。因此，比如，我们不用计算有多少等份，只需要根据$\sqrt{5}$和$\sqrt{3}$这两个长度，就可以将线段 *AB* 分割成$\sqrt{5}:\sqrt{3}$。

图 95 和图 96 是汉娜·哈芝的作图简化版。图 97 和图 98 采用了与图 92 和图 93 一样的作图方法，但区别在于不需要作平行线。图 99 依赖于相似直角三角形原理来作图中显示的关系——看看你能否发现。图 100 结合了图 94 和图 99 来作 1/3 × 1/3 ＝ 1/9，而图 101 则结合了线段 *AC*1/4 长度和图 99 来作 1/16。

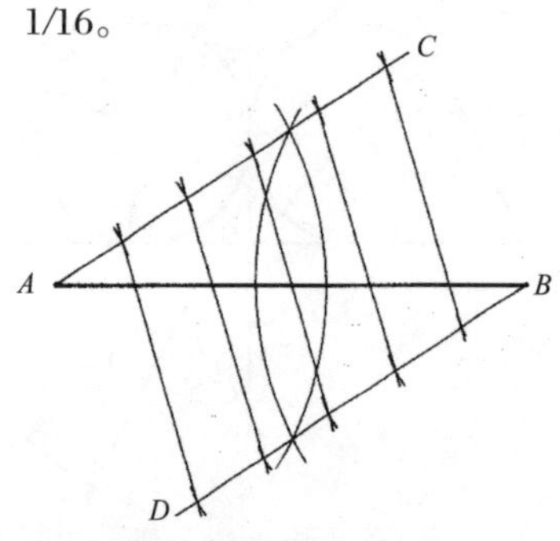

图 92. 将线段 *AB* 分割成几等份：
1）分别以点 *A*，点 *B* 为圆心作弧，作平行线 *AC* 和 *BD*；
2）在直线 *AC*，直线 *BD* 上分别作 *n* 个等距的分割点（此图中 *n*=5）；
3）两两连接分割点，将线段 *AB* 分成 *n*+1 段。

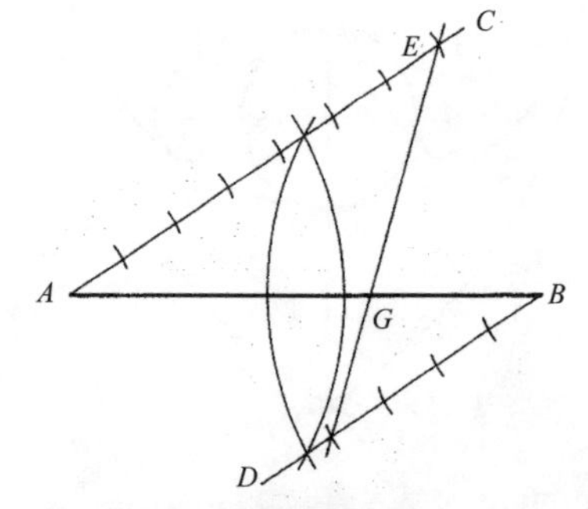

图 93. 将线段 *AB* 分割成既定比例：
1）分别以点 *A*，点 *B* 为圆心作弧，作平行线 *AC* 和 *BD*；
2）在直线 *AC*，直线 *BD* 上分别作既定比例的长度（这里比例为 7∶4），得点 *E*，点 *F*；
3）作直线 *EF*（*G*）。
AG∶*GB*=*AE*∶*BF*（这里为 7∶4）。

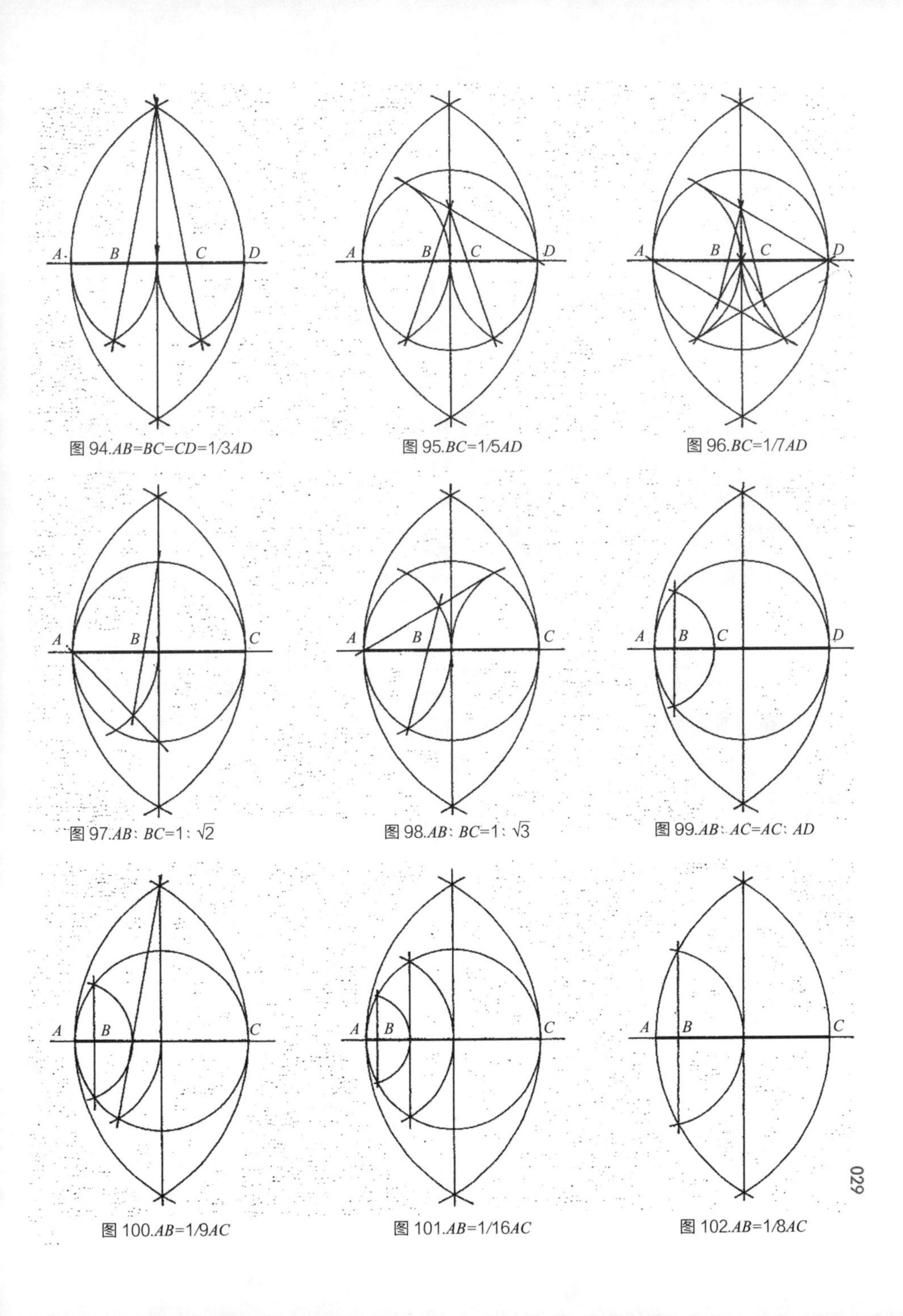

图 94.$AB=BC=CD=1/3AD$

图 95.$BC=1/5AD$

图 96.$BC=1/7AD$

图 97.$AB: BC=1: \sqrt{2}$

图 98.$AB: BC=1: \sqrt{3}$

图 99.$AB: AC=AC: AD$

图 100.$AB=1/9AC$

图 101.$AB=1/16AC$

图 102.$AB=1/8AC$

平均数 / 几何平均

MEANS

PRODUCED BY GEOMETRY

有三类基本的平均数。算术平均数是两个数值之和的 1/2，所以，2 和 4 的算术平均数是 3。几何平均数是两个数值乘积的开方，所以 1 和 4 的几何平均数是 2，因为 1∶2=2∶4。当三个数值中，如果第一个数值与第三个数值之比等于第二个数值与第一个数值之差除以第三个数值与第二个数值之差，第二个数值就是调和平均数，所以 3 和 6 的调和平均数是 4，因为 3∶6 =（4−3）∶（6−4）=1∶2。

图 103 由亚历山大的帕普斯（约卒于公元 350 年）所作，展示了算术和几何平均数的作法。帕普斯也做了调和平均数，但在实际作图中，基于霍华德·伊夫斯所作线图的图 104 要更为合适。图 105 是如何作第三条线段，与前两条线段形成几何平均比例。如图 106 ~ 图 108 所示，几何平均数在作图形面积时非常有用。

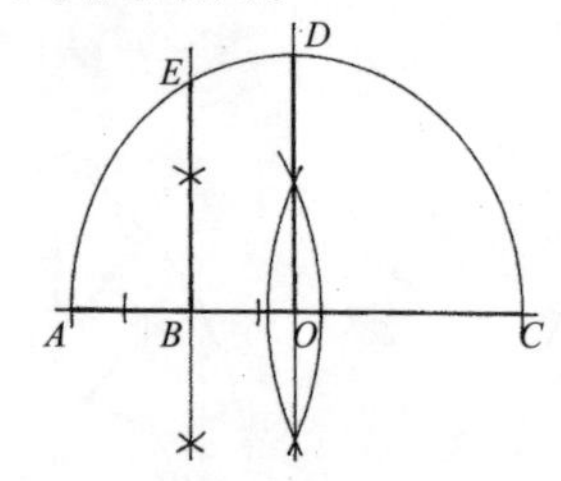

图 103. 作算术和几何平均数：
1）作一直线，并截取线段 *AB*，线段 *BC*；
2）作线段 *AC* 的垂直平分线（*O*）；
3）作半圆 *O*−*AC*（*D*）；
4）过点 *B* 作直线 *AC* 的垂直线（*E*）。
OD 为 *AB* 和 *BC* 的算术平均数；*BE* 为 *AB* 和 *BC* 的几何平均数。

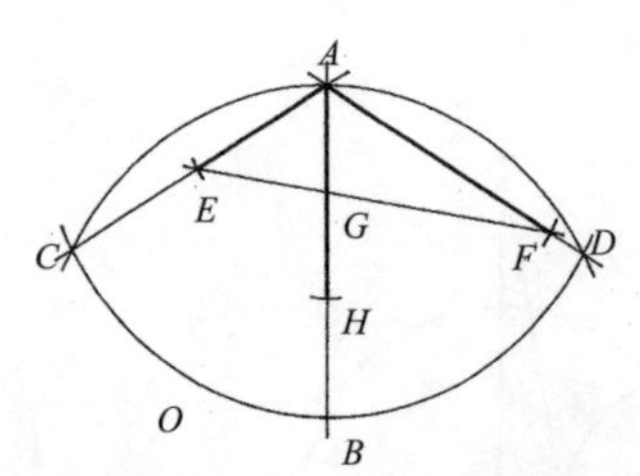

图104. 作调和平均数：
1）以点*A*为圆心作任意弧，过点*A*作任一直线与该弧相交于点*B*；2）作弧*B*−*A*（*C*，*D*）；3）作直线*AC*，直线*AD*；4）在直线*AC*，直线*AD*上分别截取线段*AE*，线段*AF*；5）作直线*EF*（*G*）；6）作弧*G*−*A*（*H*）。*AH*为*AE*和*AF*的调和平均数。

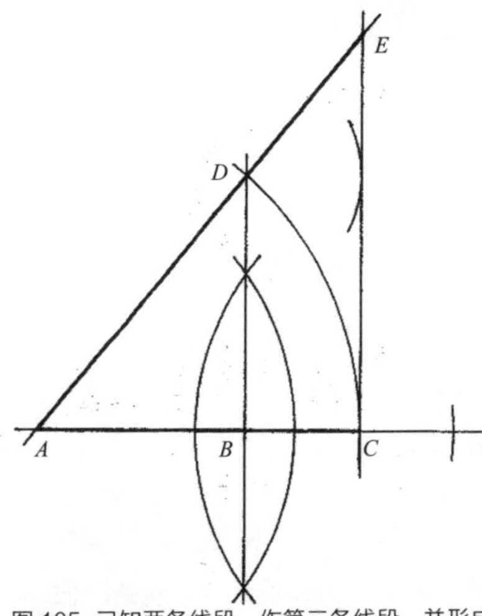

图 105. 已知两条线段，作第三条线段，并形成几何平均比例：

1）作一直线，并截取线段 *AB*，线段 *AC*；

2）过点 *B* 做直线 *AC* 的垂直线；

3）作弧 *A*–*C*（*D*）；

4）作直线 *AD*；

5）过点 *C* 做直线 *BD* 的平行线（*E*）。

AB∶*AC*=*AC*∶*AE*。

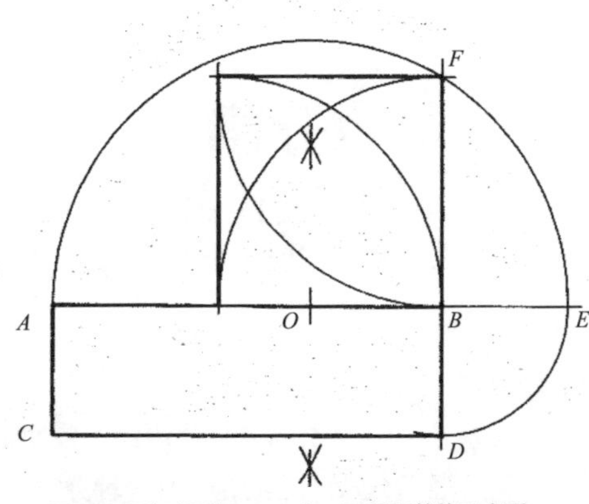

图 106. 已知矩形 *ABDC*，作一面积相等的正方形：

1）延长边 *AB*；

2）作弧 *B*–*D*（*E*）；

3）作线段 *AE* 的中点（*O*）；

4）作半圆 *O*–*AE*；

5）延长边 *BD*（*F*）；

6）以线段 *BF* 为边，作正方形。

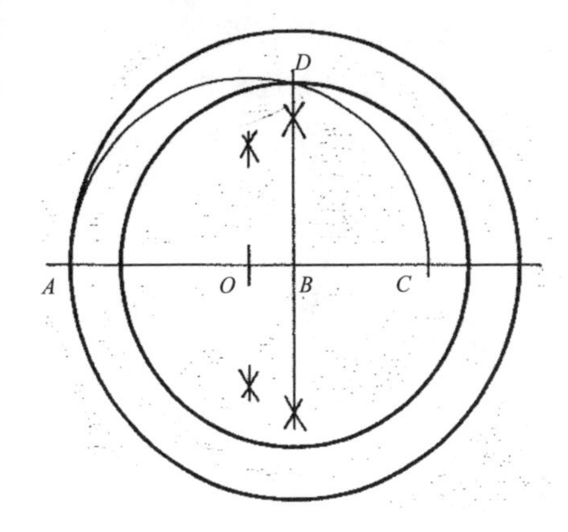

图 107. 作两圆，面积比与已知比例相等：

1）作一直线，截取线段 *AB* 和线段 *BC*，且 *AB*∶*BC* 等于已知比例；2）作圆 *B*–*A*；3）作线段 *AC* 的中点（*O*）；4）作半圆 *O*–*A*；

5）过点 *B* 作直线 *AC* 的垂直线（*D*）；

6）作圆 *B*–*D*。

圆 *B*–*A* 的面积∶圆 *B*–*D* 的面积 =*AB*∶*BC*。

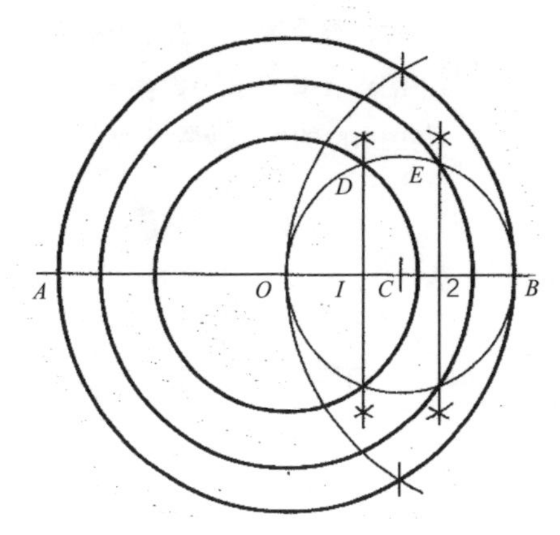

图 108. 作同心圆，且中心圆的面积与环形面积相等：

1）过圆心 *O* 作直线（*A*，*B*）；2）等分线段 *OB*，本图为 3 等份（1，2）；3）作线段 *OB* 的中点（*C*）；

4）作圆 *C*–*OB*；5）过等分点 1 和 2 分别作 *OB* 的垂直线（*D*，*E*）；

6）作圆 *O*–*D*，圆 *O*–*E*。中心圆的面积与两个环形面积均相等。

黄金分割 /完美割点
THE GOLDEN SECTION
DER GOLDENE SNITCH

将一条线段分为两段，要使较短部分与较长部分的比例等于较长部分与整条线段的比例，只有一种分割法，那就是较长部分为较短部分与整条线段的几何平均数。欧几里得将之称为极值与均值比例分割，但现在更多地被称为黄金分割，由马丁·欧姆于1835年首次提出。在黄金分割中，如果较短部分为1，那么较长部分则约为1.618034……，通常用希腊语中的 ϕ 表示。

图109 ~图113引自科特·霍夫斯特的论文。所有作图既美观又简单，展示了如何用直尺与圆规快捷地作出黄金分割长度。如作图过程中，作出完整的圆时，整个图看上去尤为美观。图114为乔治·奥登所作之图的实用版本，图中的点 A 和点 B 为内接于一圆中的一个等边三角形 DEF 两条边的中点。该图与图109的作法非常类似。图115为接下来的章节中作五边形与十边形的基础。

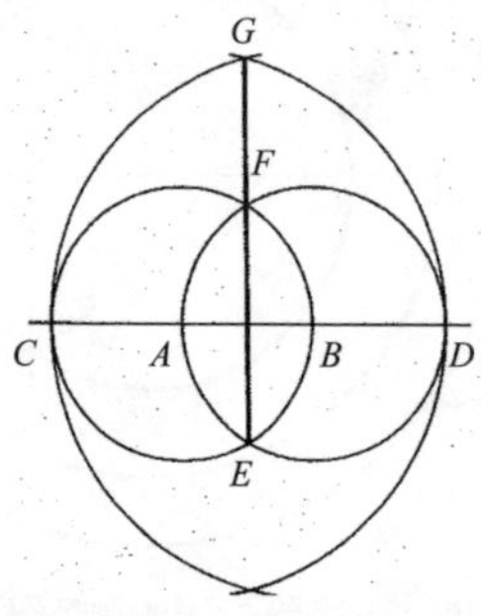

图109. 黄金分割（方法一）：
1）作任一直线，以直线上任一点A为圆心作圆（B，C）；
2）作圆$B-A$（D，E，F）；
3）作弧$A-D$，弧$B-C$（G）。
EF∶FG=ϕ∶1。

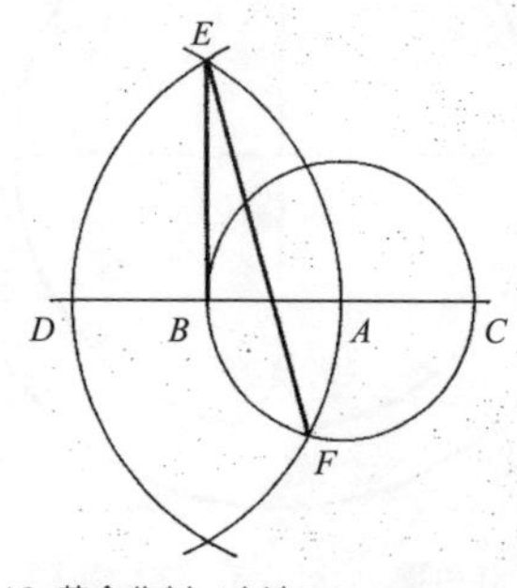

图110. 黄金分割（方法二）：
1）作任一直线，以直线上任一点A为圆心作圆（B，C）；
2）以点A为圆心，线段BC为半径作弧（D）；
3）作弧$D-A$（E，F）。
EF∶EB=ϕ∶1。

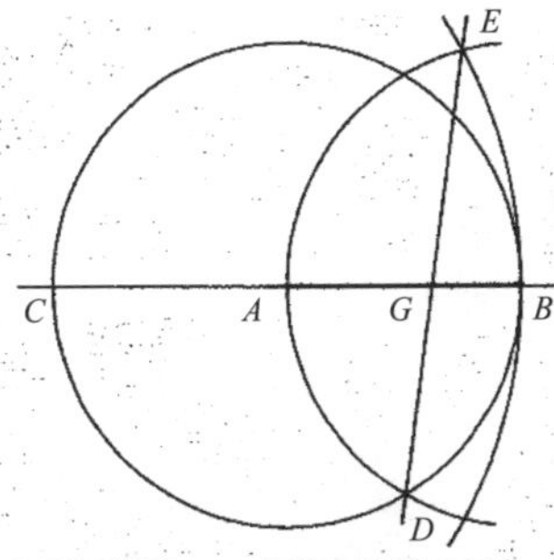

图 111. 已知线段 AB，作黄金分割（方法一）：
1）作圆 $A-B$（C）；2）作弧 $B-A$（D）；
3）作弧 $C-B$（E）；4）作直线 DE（G）。
AG∶$GB=\phi$∶1。

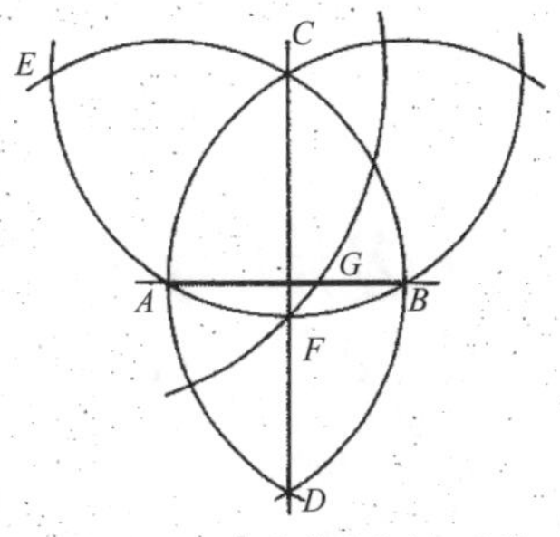

图 112. 已知线段 AB，作黄金分割（方法二）：
1）作弧 $A-B$，弧 $B-A$（C，D），作直线 CD；
2) 作弧 $C-AB$（E，F）；3）作弧 $E-F$（G）。
AG∶$GB=\phi$∶1。

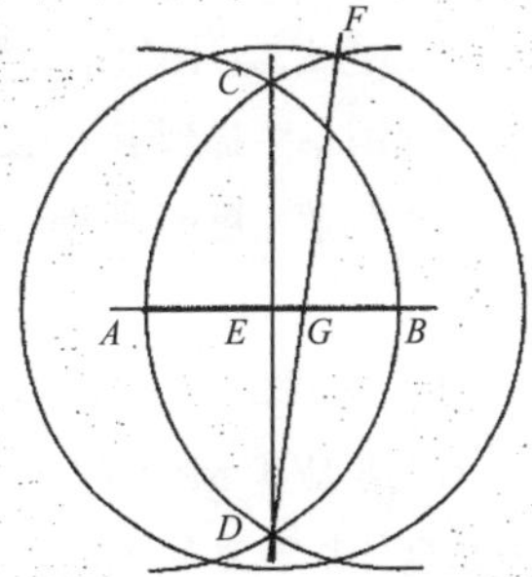

图 113. 已知线段 AB，作黄金分割（方法三）：
1）作弧 $A-B$，弧 $B-A$（C，D），作直线 CD（E）；
2）以点 E 为圆心，线段 AB 为半径作弧（F）；
3）作直线 DF（G）。
AG∶$GB=\phi$∶1。

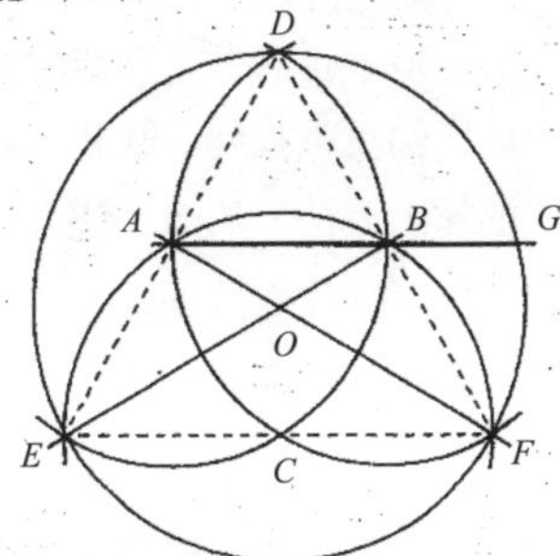

图 114. 延长已知线段 AB，作黄金分割：
1）作弧 $A-B$，弧 $B-A$（C，D）；
2）作弧 $C-AB$（E，F）；
3）作直线 AF，直线 BE（O）；
4）作圆 $O-DEF$；5）延伸直线 AB（G）。
AB∶$BG=\phi$∶1。

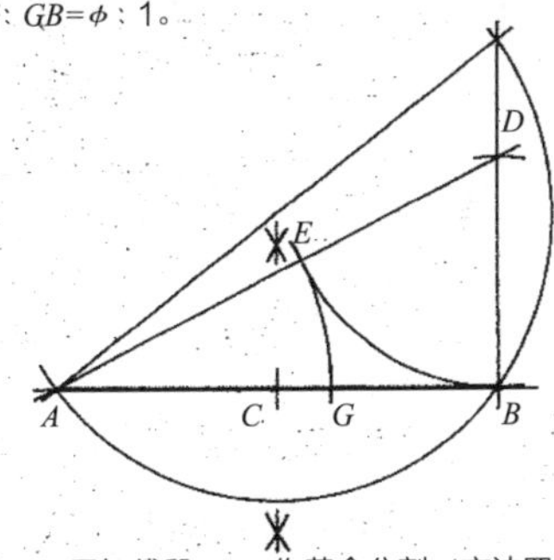

图 115. 已知线段 AB，作黄金分割（方法四）：
1）作线段 AB 的中点（C）；
2）过点 B 做直线 AB 的垂直线；
3）作弧 $B-C$（D）；4）作直线 AD；
5）作弧 $D-B$（E）；6）作弧 $A-E$（G）。
AG∶$GB=\phi$∶1。

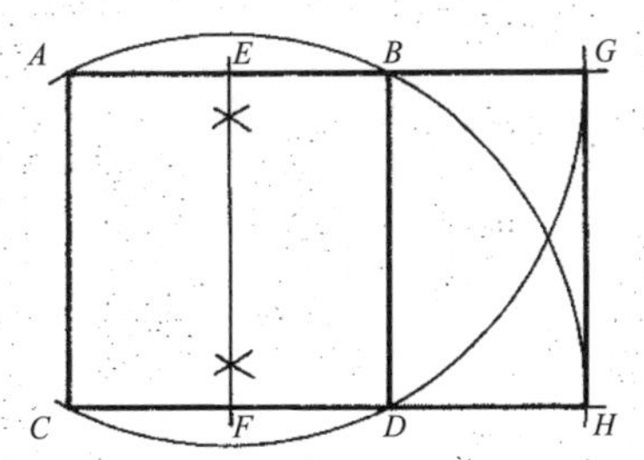

图 116. 已知□ $ABDC$，作一矩形，长边与正方形的边成黄金分割：
1）作边 AB，边 CD 的中点（E，F）；
2）延长直线 AB，直线 CD；
3）作弧 $E-CD$，弧 $F-AB$（G，H）。
AG∶$AB=CH$∶$CD=\phi$∶1。

五边形与十边形 / 花瓣与脚趾

PENTAGONS & DECAGONS

FLOWERS AND TOES

正五边形和正十边形的作图，从数学的角度来看，没有其他正多边形如三角形、正方形、八边形和十二边形的作图那么一目了然，作图过程中需要的比例更难找到。欧几里得在著作《几何原本》的第四章中提到了正五边形的作图方法，然而，该方法基于一系列定理，虽然就数学角度而言很优雅，但实际操作性并不强。

正五边形、正十边形的作图有许多简单实用的方法。图 117 引自托勒密（卒于约公元 168 年）所著的《天文学大成》，图 118 是基于图 117 而进一步作了一个正十边形。图 119 ~ 图 122 的作图方法全部基于黄金分割。

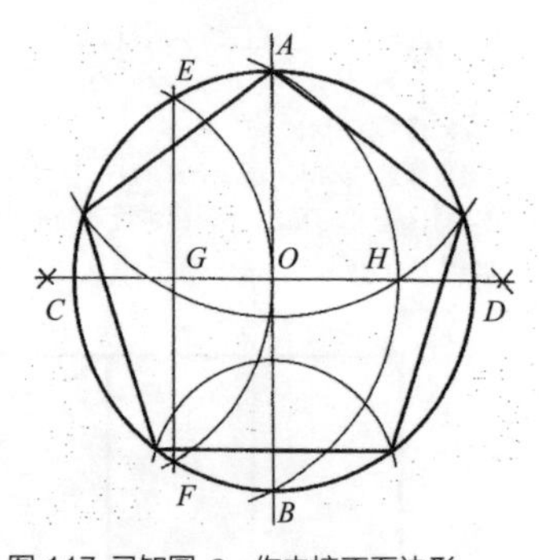

图 117. 已知圆 O，作内接正五边形：
1）过圆心 O 作直线（A，B）；
2）作线段 AB 的垂直平分线（C，D）；
3）作弧 C–O（E，F），作直线 EF（G）；
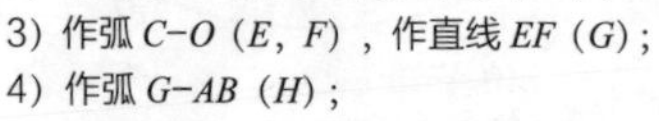
4）作弧 G–AB（H）；
5）作弧 A–H；
6）以点 B 为圆心，线段 OH 为半径作弧（结束）。

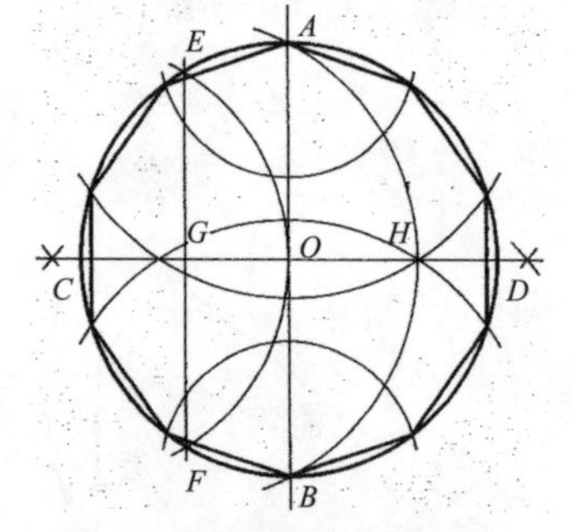

图 118. 已知圆 O，作内接正十边形：
步骤 1~5 与图 117 所示步骤相同；
6）作弧 B–H；
7）以点 A 为圆心，线段 OH 为半径作弧（结束）。
分别以点 C，点 D 为圆心，线段 AH，线段 OH 为半径作弧，可作正二十边形。

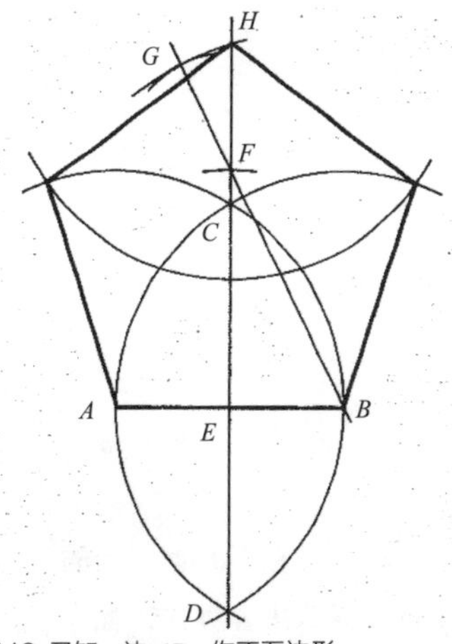

图 119. 已知一边 AB，作正五边形：

1）作弧 $A-B$，弧 $B-A$（C，D），作直线 CD（E）；
2）以点 E 为圆心，线段 AB 为半径作弧（F）；
3）作直线 BF；
4）以点 F 为圆心，线段 AE 为半径作弧（G）；
5）作弧 $B-G$（H）；
6）以点 H 为圆心，线段 AB 为半径作弧（结束）。

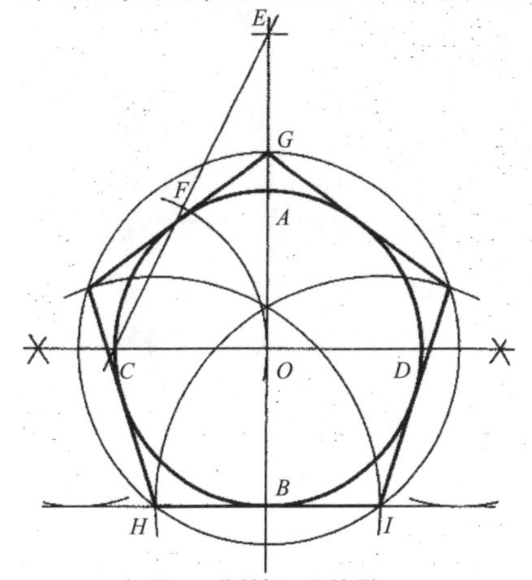

图 121. 已知圆 O，作外切正五边形：

1）过圆心O作直线（A，B）；2）作线段AB的垂直平分线（C，D）；3）以点O为圆心，线段AB为半径作弧（E）；4）作直线CE；5）作弧$C-O$（F）；6）以点O为圆心，线段EF为半径作圆（G）；7）过点B做直线CD的平行线（H，I）；8）作弧$H-I$，弧$I-H$（结束）。

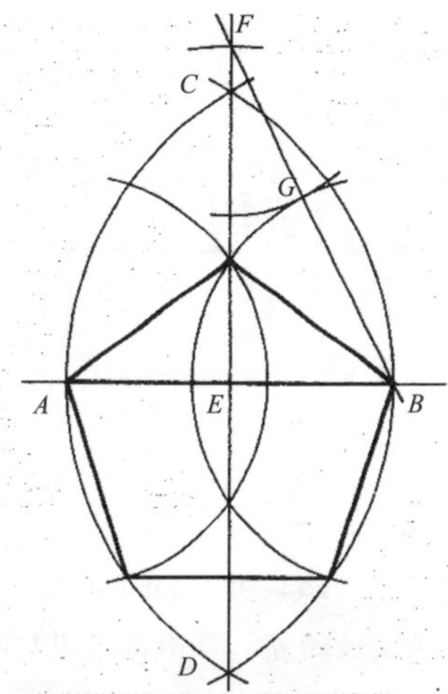

图 120. 已知一条对角线 AB，作正五边形：

1）作弧 $A-B$，弧 $B-A$（C，D），作直线 CD（E）；
2）以点 E 为圆心，线段 AB 为半径作弧（F）；
3）作直线 BF；
4）以点 F 为圆心，线段 AE 为半径作弧（G）；
5）分别以点 A，点 B 为圆心，线段 BG 为半径作弧（结束）。

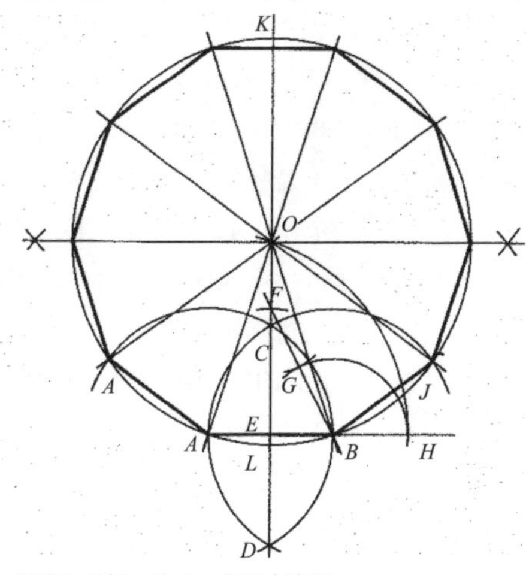

图122. 已知一边AB，作正十边形：

1）作弧$A-B$，弧$B-A$（C，D），作直线CD（E）；2）以点E为圆心，线段AB为半径作弧（F）；3）作直线FB；4）以点F为圆心，线段AE为半径作弧（G）；5）延长边AB；6）作弧$B-G$（H）；7）作弧$A-H$（O）；8）作圆$O-AB$（点I一点L）；9）作线段KL的垂直平分线；10）作直线IO，AO，BO，JO（结束）。

可能性 /以及不可能性
POSSIBILITIES
AND IMPOSSIBILITIES

1637年，勒内·笛卡尔出版了《几何学》，书中介绍了几何图形的代数研究，并声称直尺与圆规作图其实就等同于解二次方程式，如在方程式$ax^2+bx+c=0$中，a，b，c均为常数。

1801年，卡尔·弗里德里希·高斯在《算术研究》中证明，正多边形，只有边数为任何一个费马质数，才可以用直尺与圆规作出来（当时已知的费马质数只有3，5，17，257，65537），这条定律也适用于边数为不同费马质数的乘积或任意倍数，例如3×5或$2\times2\times17$或$2\times5\times257$。图124为*H.W.*理查梦德于1893年所作。

1882年，费迪南德·冯·林得曼证明了π是一个无理数，也就是说，π不是任何整数系数多次式的根（包括二次方程式）。因此，在已知一个单位长度的前提下，不可能用直尺和圆规来作出一段等于π（3.14159…）或$\sqrt{\pi}$（1.77245…）的长度，说得更简单点，就是不可能用直尺与圆规来作一个正方形，面积等于一个圆。图123为*A.A.*科琴斯基于1685年所作，图中的π值约为3.14153…，图125为*E.W.*霍布森于1913年所作，图中的$\sqrt{\pi}$值约为1.77247…。

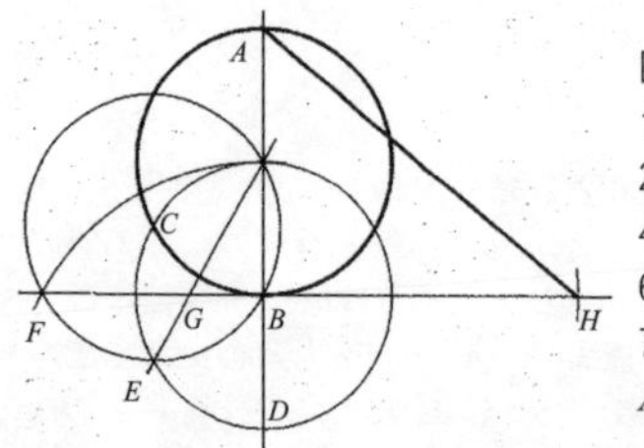

图 123. 已知圆 *O*，作一线段与圆半径的比值约为 π：
1）过圆心 *O* 作直线（*A*，*B*）；
2）作圆 *B*−*O*（*C*，*D*）；3）作圆 *C*−*OB*（*E*）；
4）作弧 *D*−*O*（*F*）；5）作直线 *FB*；
6）作直线 *OE*（*G*）；
7）以点 *G* 为圆心，线段 *AD* 为半径作弧（*H*）。
$AH:OA\approx\pi:1$。

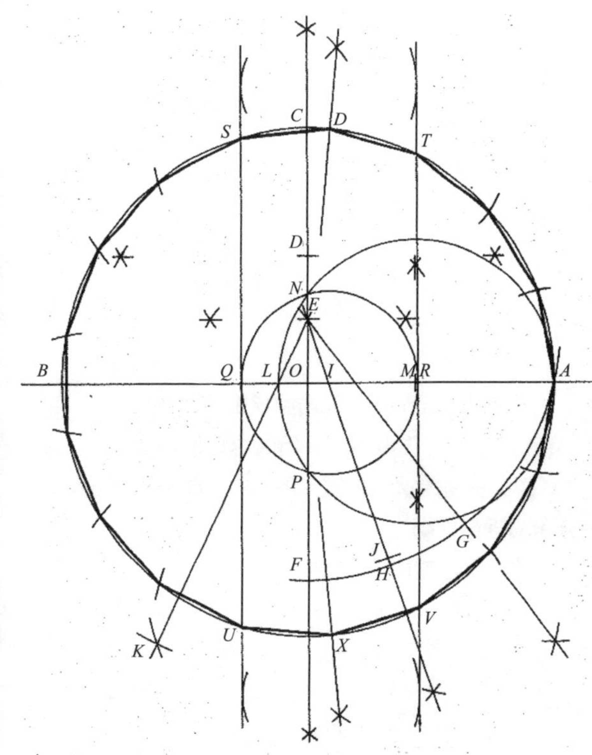

图124. 已知圆O，作圆内接正十七边形：

1）过圆心O作直线（A，B）；

2）作线段AB的垂直平分线（C）；

3）平分线段OC（D）；

4）平分线段OD（E）；

5）作弧$E-A$（F）；

6）作∠AEF的平分线（G）；

7）作∠GEF的平分线（H，I）；

8）以点E为圆心，$OA=OB$为半径作弧（J）；

9）以点J为圆心，$OA=OB$为半径作弧；

10）以点E为圆心，$BC=AC$为半径作弧（K）；

11）作直线EK（L）；

12）平分线段AL（M）；

13）作圆$M-AL$（N，P）；

14）作圆$I-NP$（Q，R）；

15）分别过点Q，点R作直线CD的平行线（点S–点V）；

16）分别作∠SOT和∠UOV的平分线（W，X）；

17）用$ST=UV=SW=WT=UX=XV$在圆周上标出正十七边形的剩余顶点（结束）。

图 125. 已知圆 O，作一正方形面积与圆相等：

1）过圆心 O 作直线（A，B）；

2）作线段 AB 的垂直平分线；

3）作弧 $A-O$（C），作直线 CD；

4）作弧 $A-D$，弧 $D-A$（E，F）；

5）以点 O 为圆心，线段 AD 为半径作弧（G）；

6）作弧 $G-O$（H），作直线 HI；

7）作直线 EO（J）；

8）作直线 FJ（K）；

9）平分线段 KG（L）；

10）作弧 $L-GK$（M）；

11）作弧 $I-A$（N）；

MN: $AO=\sqrt{\pi}$: 1。

12）平分线段 MN（P）；

13）以点 O 为圆心，$PM=PN$ 为半径作圆（点 Q—点 T）；

14）作弧 $Q-O$，弧 $R-O$，弧 $S-O$，弧 $T-O$（结束）。

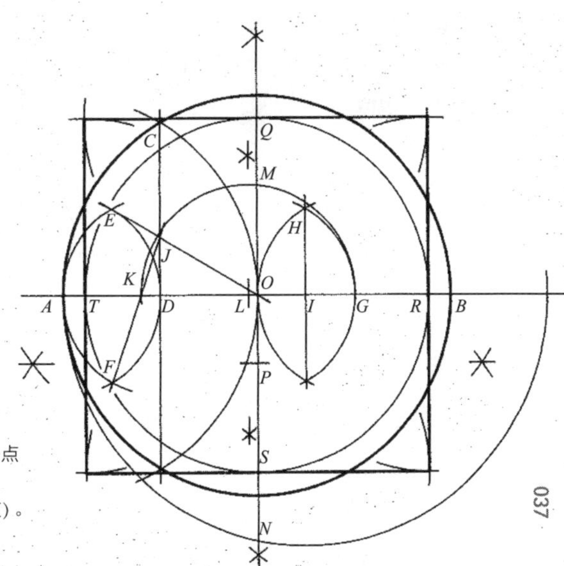

二刻尺作图 /实用小诀窍

NEUSIS
A USEFUL TRICK

1837 年，皮埃尔·劳伦·旺泽尔证明了无法用直尺与圆规来三等分角，倍立方体或作除高斯已经证实可能之外的正多边形，因为这些问题无异于用尺规来解次数为 x^3，x^4，x^5 甚至更高的次方程式。图 126（吉姆·洛伊所作）和图 127 为精确三等分角的近似作图。

用直尺与圆规无法作的一些图可以使用二刻尺精确作出。一段既定长度可以在直尺上标出或作为圆规张开的距离。将直尺置于某一点上，然后转动直尺，直至既定长度正好与两条已知直线间的距离吻合（用直尺上标出的点或圆规的距离核查），这时便可作一条直线。图 128 由阿基米德（卒于约公元前 212 年）所作，图 129 由约翰·康威所作，图 130 由艾萨克·牛顿（卒于公元 1727 年）所作，图中所示为 $\sqrt[3]{2}$，图 132 由罗宾哈茨霍恩所作，与希俄斯的希波克拉底（卒于约公元前 410 年）所作的图十分相似。

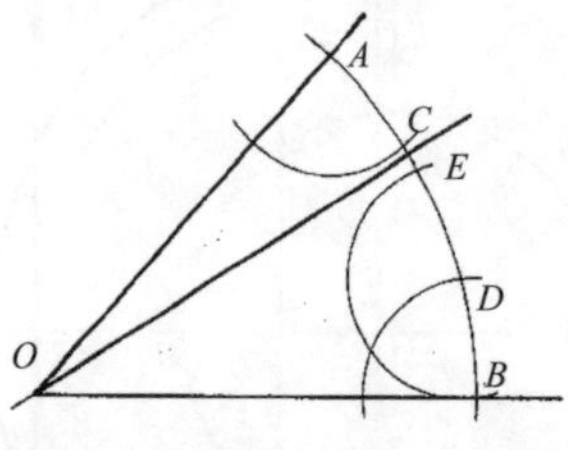

图 126. 作已知角的近似三分之一角：1) 以角顶点 O 为圆心作弧（A, B）；2) 作弧 AB 的近似三分之一点 C；3) 以点 B 为圆心，线段 AC 为半径作弧（D）；4) 作弧 D–B（E）；5) 在弧 CE 上靠近点 C 端截取近似 1/3 弧（结束）。

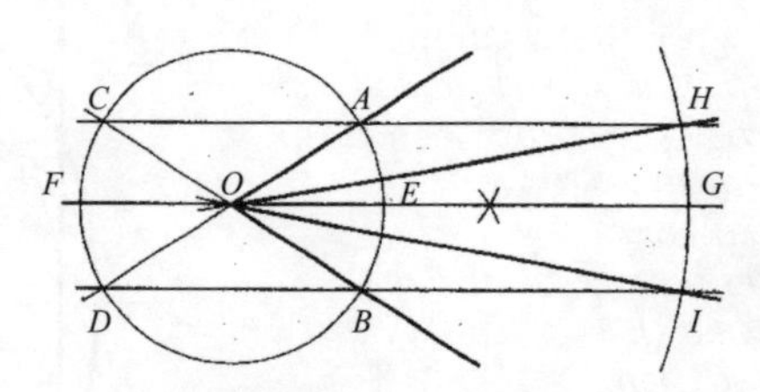

127. 将已知角近似三等分：1) 以角顶点 O 为圆心作圆（A, B）；2) 延长直线 AO，直线 BO（C, D）；3) 平分∠ AOB，作直线 EF；4) 作弧 E–F（G）；5) 作弧 O–G；6) 作直线 AC，直线 BD（H, I）；7) 作直线 OH，直线 OI。

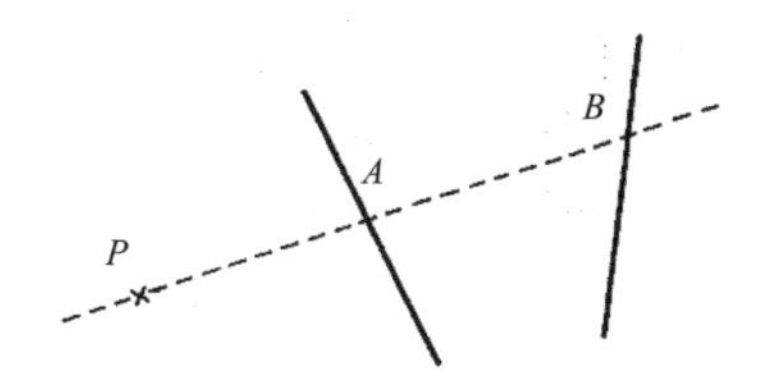

用二刻尺作一条过点 P 的直线，且线段 AB 与既定长度相等。

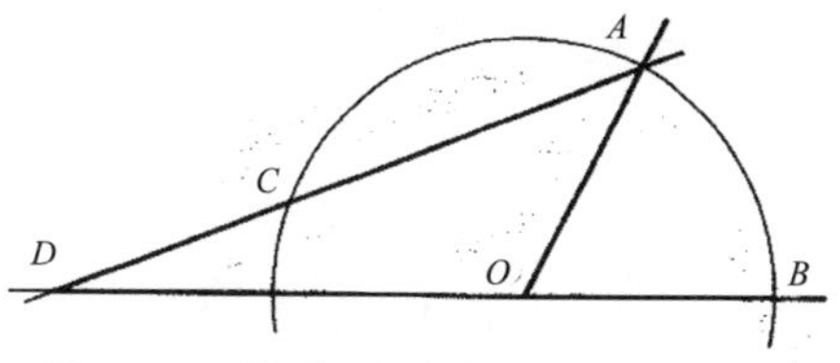

图 128. 用二刻尺作已知角的三分之一角：
1）以角顶点 O 为圆心作弧（A，B）；
2）作直线 ACD，且 $CD=OA$。
$\angle ADB=1/3\ \angle AOB$。

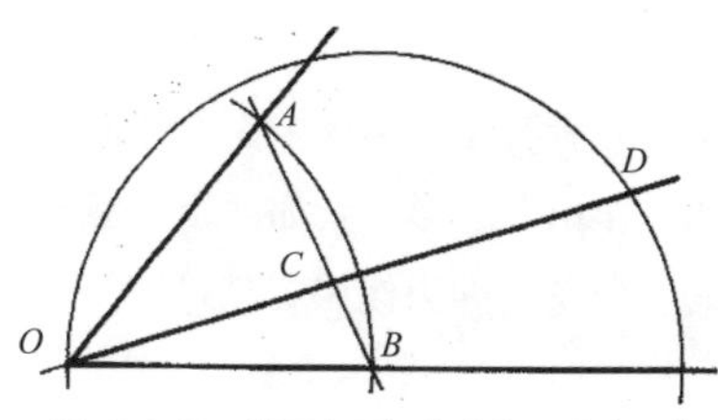

图 129. 用二刻尺在已知角内作三分之一角：
1）以角顶点 O 为圆心作弧（A，B）；
2）作半圆 $B-O$；
3）作直线 AB；
4）作直线 OCD，且 $CD=OA$。
$\angle DOB=1/3\ \angle AOB$。

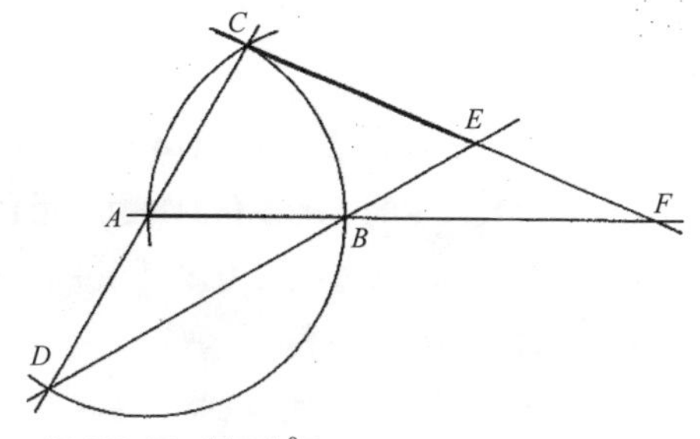

图 130. 用二刻尺作$\sqrt[3]{2}$：
1) 作一直线，并截取 A，B 两点；2) 作弧 $A-B$，弧 $B-A$（C）；3）作直线 AC（D）；4）作直线 DB；5）作直线 CEF，且 $EF=AB$。
如 $AB=1$，则 $CE=\sqrt[3]{2}$。

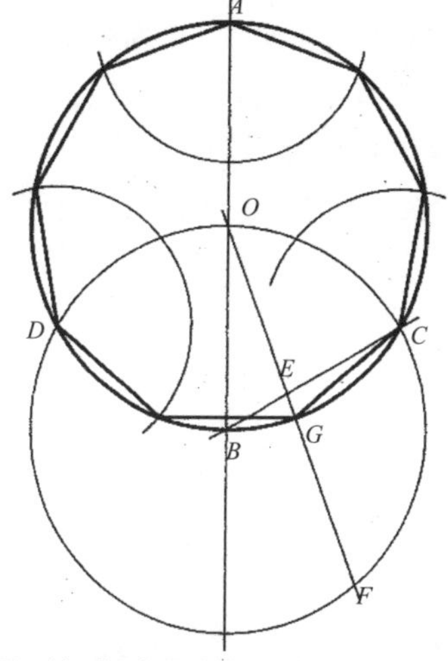

图 131. 用二刻尺作已知圆内接正九边形：
1）过圆心 O 作直线（A，B）；2）作弧 $B-O$（C，D）；3）作直线 BC；4）作直线 OEF，且 $EF=OB$（G）；5）分别以点 C，点 D 和点 A 为圆心，线段 CG 为半径作弧（结束）。

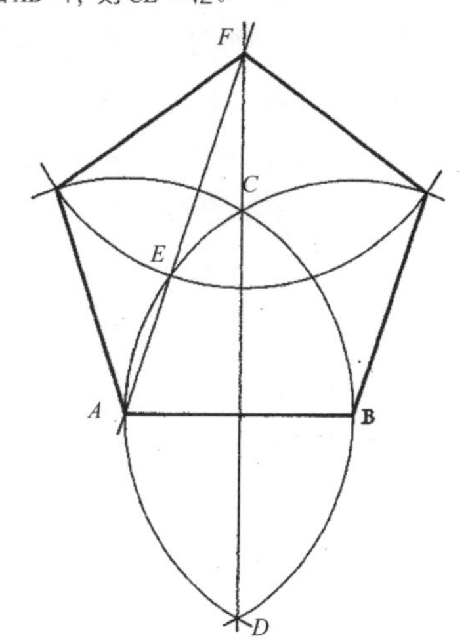

图132.用二刻尺在已知边上作正五边形：
1）作弧$A-B$，弧$B-A$（C，D），作直线 CD；2）作直线AEF，且$EF=AB$；3）作弧 $F-E$（结束）。

七边形 / 七的奥妙

HEPTAGONS

SECRETS OF SEVEN

在古希腊人发现的不能用圆规和直尺作图的所有正多边形中，七边形是边数最少的。现在我们知道，用直尺和圆规来作正七边形，就如同用尺规来解一个三次方程式（含 x^3 项），是不可能的。但是，如果使用二刻尺作图，则是完全可能的。

图 133 由约翰·米歇尔（卒于 2009 年）所作，在图中的近似正七边形中，每条边所对的圆心角为 51.444...°，而在正七边形中，这个数值为 51.428571°。

长时间以来，我们都用 $\frac{\sqrt{3}}{2}$ 作为内接于单位圆的正七边形的边的近似值，因为它对应的圆心角为 51.318...°。这个近似值被广为使用，比如亚历山大的赫伦（卒于公元 70 年）所著的《测量术》，艾布·瓦法为匠人所著的手册，以及下面的图 134 和图 136。图 135 为二刻尺作七边形法，引自弗朗索瓦·韦达于 1593 年所著的《几何补篇》，而图 137 为克罗基特·约翰逊的二刻尺作七边形法。

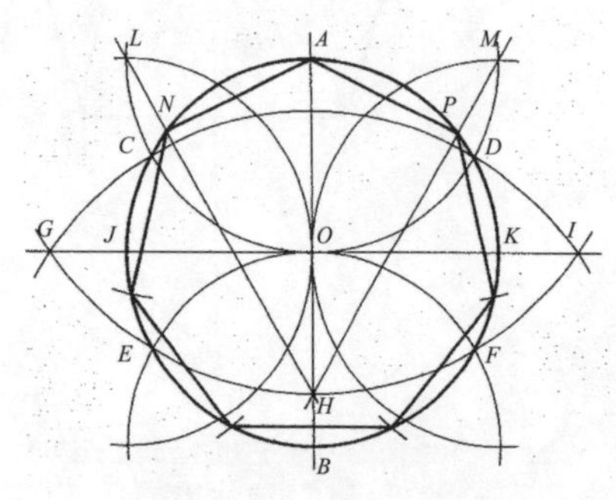

图 133. 已知圆 O，作内接近似正七边形（方法一）：
1）过圆心 O 作直线（A，B）；
2）作弧 A–O，B–O（点 C—点 F）；
3）作弧 B–CD，弧 A–EF（G，H，I）；
4）作直线 GI（J，K）；
5）作弧 J–O，弧 K–O（L，M）；
6）作直线 LH，MH（N，P）；
7）分别从点 N，点 P 绕着圆周移动线段 AN=AP（结束）。

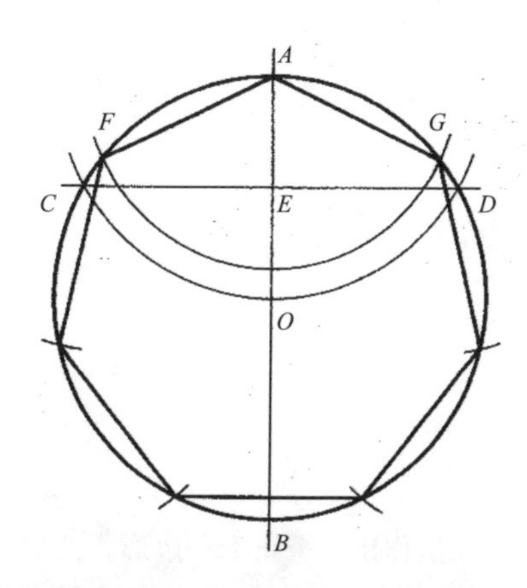

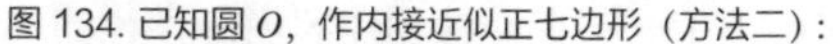

图 134. 已知圆 O，作内接近似正七边形（方法二）：

1）过圆心 O 作直线（A，B）；

2）作弧 $A-O$（C，D），作直线 CD（E）；

3）以点 A 为圆心，$EC=ED$ 为半径作弧（F，G）；

4）分别从点 F，点 G 绕着圆周移动线段 $EC=ED$（结束）。

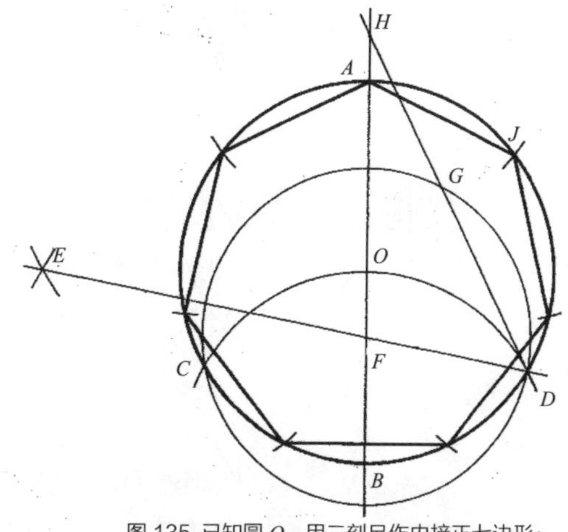

图 135. 已知圆 O，用二刻尺作内接正七边形：

1）过圆心O作直线（A，B）；2）作弧$B-O$（C，D）；

3）作弧$A-B$，弧$B-A$（E）；

4）作直线 DE（F）；5）作圆 $F-CD$；

6）作直线 DGH，且 $GH=FD$；

7）以点 H 为圆心，线段 OA 为半径作弧（I，J）；

8）分别从点I，点J绕着圆周移动线段$AI=AJ$（结束）。

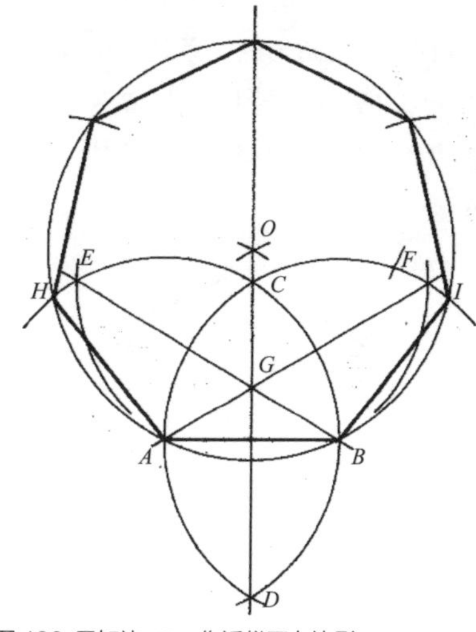

图 136. 已知边 AB，作近似正七边形：

1）作弧 $A-B$，弧 $B-A$（C，D），作直线 CD；

2）作弧 $C-AB$（E，F）；

3）作直线 AF，直线 BE（G）；

4）分别以点 A，点 B 为圆心，线段 GE 为半径作弧（O）；

5）作圆 $O-AB$（H，I）；

6）作弧 $H-A$，弧 $I-B$（结束）。

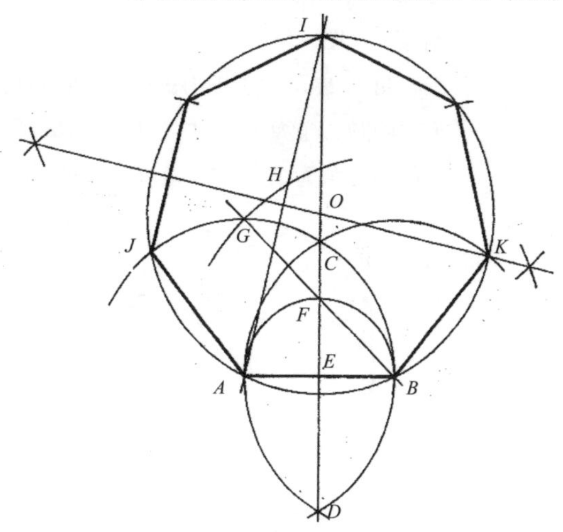

图137. 已知边AB，用二刻尺作正七边形：

1）作弧$A-B$，弧$B-A$（C，D），作直线CD（E）；

2）作弧$E-AB$（F）；3）作直线BF（G）；

4）作弧$B-G$；5）作直线AHI，且$HI=AB$；

6）作线段AI的垂直平分线（O）；7）作圆$O-AIB$，（J，K）；8）分别以点J，点K为圆心，线段AB为半径作弧（结束）。

近似正多边形 /九边形及以上
APPROXIMATE POLYGONS
ENNEAGONS AND BEYOND

无论是用直尺与圆规，或用二刻尺，都无法作出一个正十一边形。正常情况下，我们无法用直尺与圆规或二刻尺做正十一边形。杜勒建议用圆半径的9/16作为内接近似正十一边形的边长，形成的圆心角为32.670°（正十一边形的圆心角为32.72°），图138为其中的一种作图方法。

图140是在一个单位圆中，用$1+\sqrt{2}-\sqrt{3}$作为内接近似正九边形的边，形成的圆心角为39.886°（正九边形的圆心角为40°）。正十三边形可以用二刻尺来作图，但有点复杂。图141作了一个近似正十三边形的一条边，形成的圆心角为27.644°（正十三边形的圆心角为27.692307°）。图142以*AB*为边，形成的圆心角为40.028°（正九边形的圆心角为40°）。图143以*AB*为边，形成的圆心角为32.853°（正十一边形的圆心角为32.72°）。

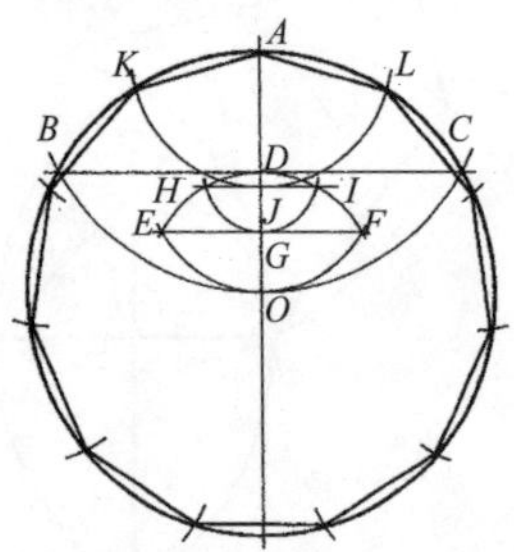

图138. 已知圆*O*，作内接近似正十一边形：1）过圆心*O*作一直线（*A*）；2）作弧*A*–*O*（*B*，*C*），作直线*BC*（*D*）；3）作弧*O*–*D*，弧*D*–*O*（*E*，*F*），作直线*EF*（*G*）；4）作弧*D*–*G*（*H*，*I*），作直线*HI*（*J*）；5）作弧*A*–*J*（*K*，*L*）；6）分别从点*K*，点*L*绕着圆周移动线段*AK*=*AL*（结束）。

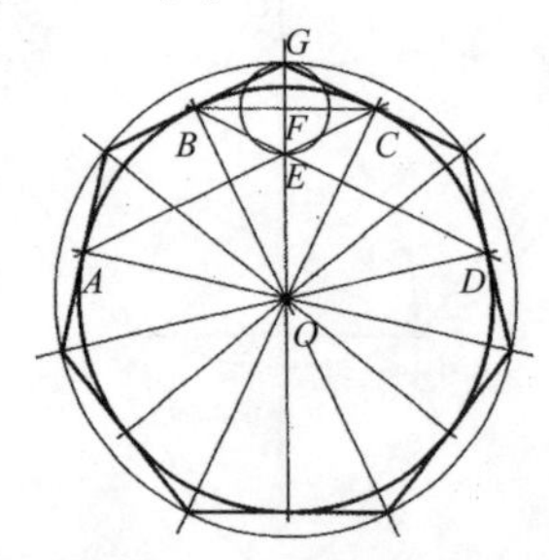

图139. 已知圆*O*，作外接任意正多边形：1）作圆*O*内接任意多边形的各顶点；2）分别过各顶点和圆心*O*作直线；3）按序选择顶点*A*，*B*，*C*和*D*；4）作直线*AC*，直线*BD*（*E*）；5）作直线*BC*（*F*）；6）作圆*F*–*E*（*G*）；7）作圆*O*–*G*，在圆周上标出已知圆外接正多边形的所有顶点（结束）。

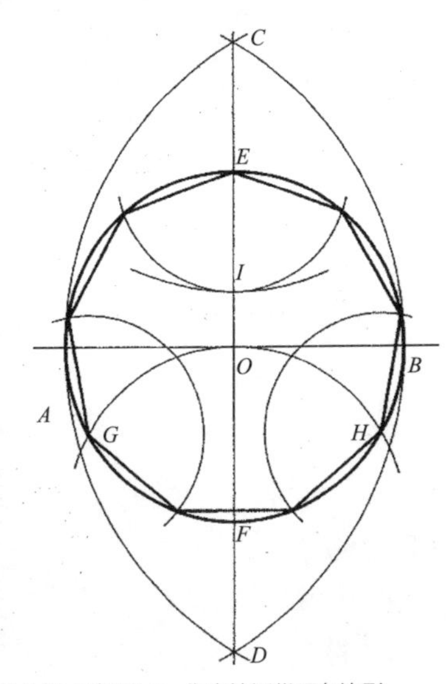

图 140. 已知圆 O，作内接近似正九边形：

1）过圆心 O 作直线（A，B）；

2）作弧 $A-B$，弧 $B-A$（C，D），作直线 CD（EF）；

3）作弧 $F-O$（G，H）；

4）以点 C 为圆心，$EA=EB$ 为半径作弧（I）；

5）分别以点 E，点 G，点 H 为圆心，线段 EI 为半径作弧（结束）。

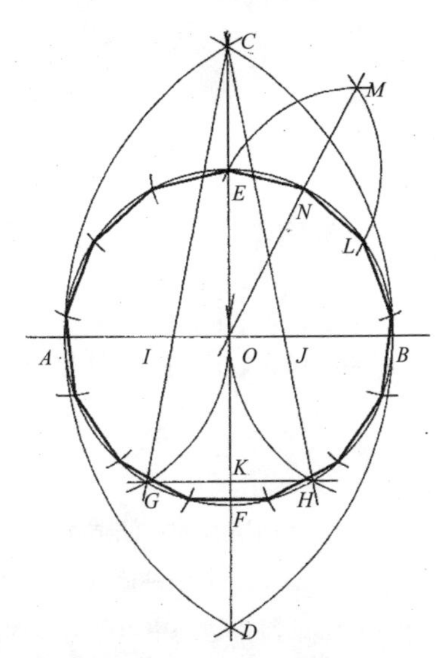

图 141. 已知圆 O，作内接近似正十三边形：

1）过圆心 O 作直线（A，B）；2）作弧 $A-B$，弧 $B-A$（C，D），作直线 CD（EF）；3）作弧 $A-O$，弧 $B-O$（G，H）；4）作直线 CG，直线 CH（I，J）；5）作直线 GH（K）；

6）以点 E 为圆心，$KI=KJ$ 为半径作弧（L）；

7）作弧 $L-E$（M），作直线 MO（N）；

8）分别从点 E，点 L 绕着圆周移动线段 $EN=NL$(结束)。

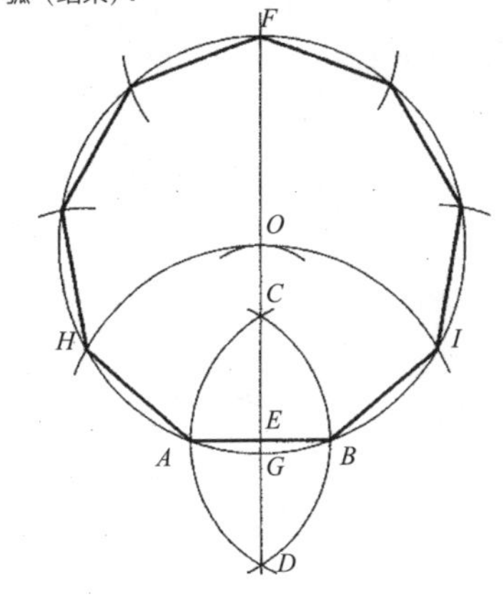

图 142. 已知边 AB，作近似正九边形：

1）作弧 $A-B$，弧 $B-A$（C，D），作直线 CD（E）；

2）以点 C 为圆心，$EA=EB$ 为半径作弧（O）；

3）作圆 $O-AB$（F，G）；4）作弧 $G-O$（H，I）；

5）分别以点 F，点 H，点 I 为圆心，线段 AB 为半径作弧（结束）。

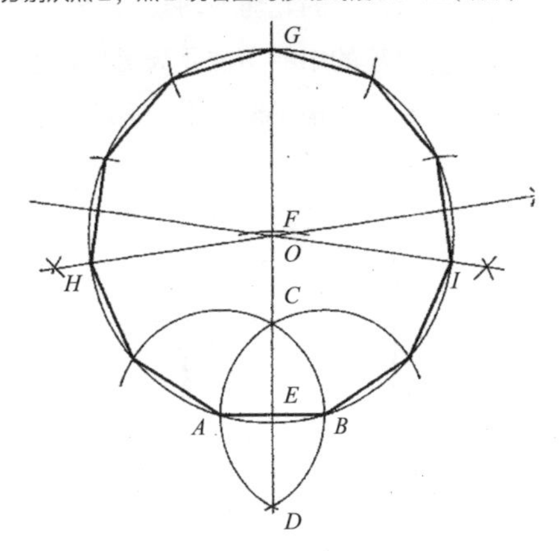

图 143. 已知边 AB，作近似正十一边形：

1）作弧 $A-B$，弧 $B-A$（C，D），作直线 CD（E）；

2）以点 E 为圆心，线段 CD 为半径作弧（F），以点 F 为圆心，相等长度为半径作弧（G）；3）分别作线段 AG，线段 BG 的垂直平分线，相交于点 O；4）作圆 $O-AGB$（交于 H，I）；5）分别以点 H，点 G，点 I 为圆心，线段 AB 为半径作弧（结束）。

分割矩形 / 巧思妙解
DIVIDING RECTANGLES
SOME CRAFTY TECHNIQUES

下面所有的方法适用于分割各种矩形（包括正方形）。

图 145 是一种让人着迷的古老图形，有时也被称为沙粒计算线图。矩形的每条边的中点与对边的两个端点相连，过连线所得的交点作直线，可将矩形的每条边分成 3，4 或 5 等份。此线图在正方形中尤为好用，有许多其他有趣的特征和作用。

图 146 与图 147 是将矩形分割成足够多的更小矩形的作图方法。1/2，1/4，1/8……是一个几何序列，任意三个连续项的中间项被称为另外两项的几何平均数。1/2，1/3，1/4……是一个调和序列，任意三个连续项的中间项被称为另外两项的调和平均数。毕达哥拉斯学派在很早以前就发现了调和平均数的主要作用。

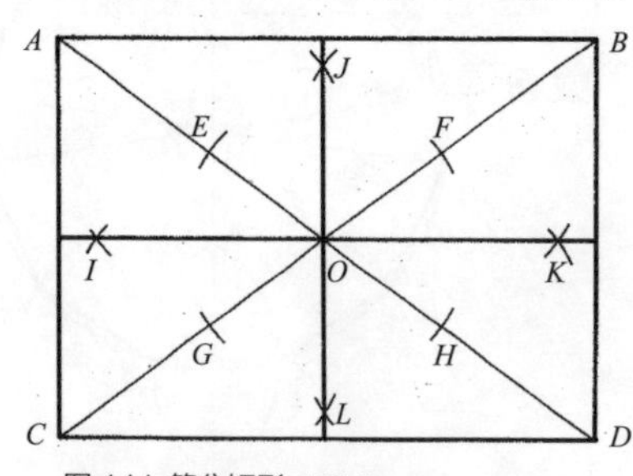

图 144. 等分矩形 *ABDC*：
1）作直线 *AD*，直线 *BC*（*O*）；
2）以点 *O* 为圆心，小于 1/2*AO* 长度为半径作弧（*E*，*F*，*G*，*H*）；
3）分别以点 *E*，点 *F*，点 *G*，点 *H* 为圆心，相同长度为半径作弧（*I*，*J*，*K*，*L*）；
4）作直线 *IK*，*JL*。

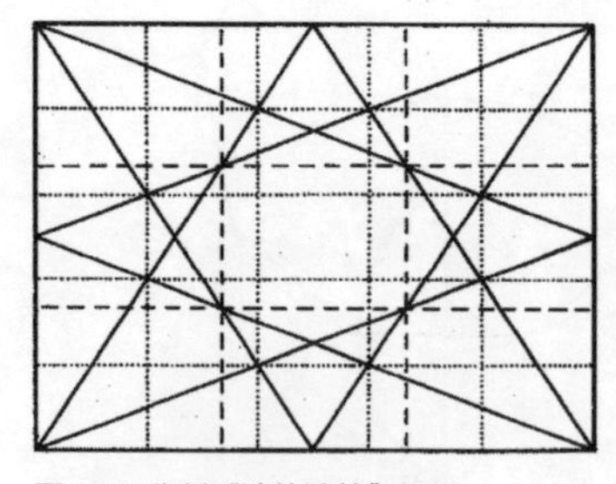

图 145. 分割“沙粒计算”矩形：
1）连接每条边的中点与对边的两个端点；
2）过连线相交点作直线，可以将矩形等分成 9 个小矩形（短划线）或 25 个小矩形（点虚线）。

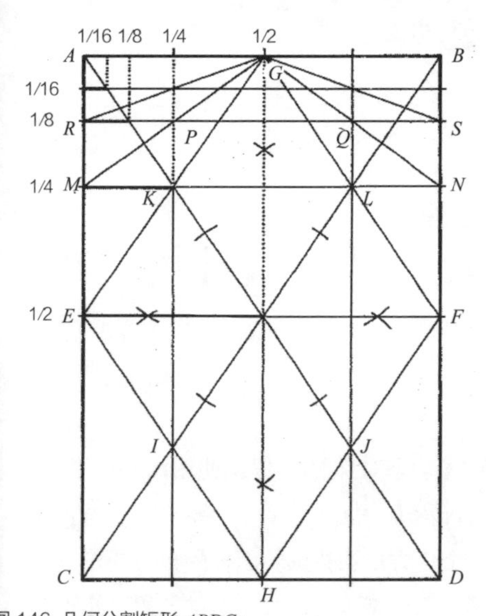

图 146. 几何分割矩形 ABDC：

1）作直线 AD，直线 BC；

2）作线段 AB，CD，AC，BD 的中点（连线 EF，G，H）；

3）作直线 EG，EH，FG，FH（I，J，K，L）；

4）作直线 IK，直线 JL；

5）作直线 KL（M，N）；

6）作直线 MG，直线 NG（P，Q）；作直线 PQ（R，S）……以此类推。

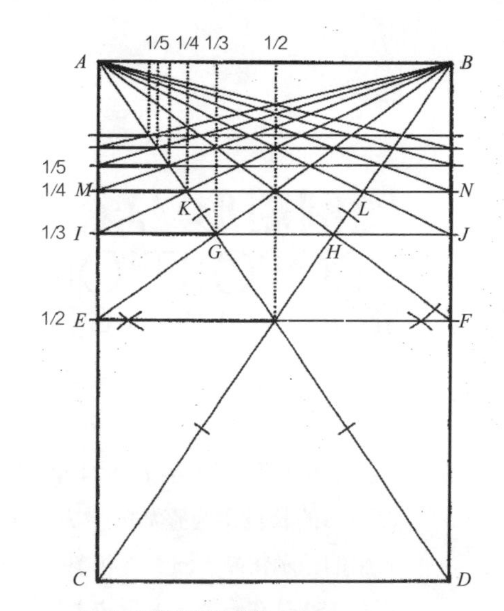

图 147. 调和分割矩形 ABDC：

1）作直线 AD，直线 BC；

2）作线段 AC，线段 BD 的中点（连线 EF）；

3）作直线 EB，直线 FA（G，H）；

4）作直线 GH（I，J）；

5）作直线 IB，直线 JA（K，L）；

6）作直线 KL（M，N）……以此类推。

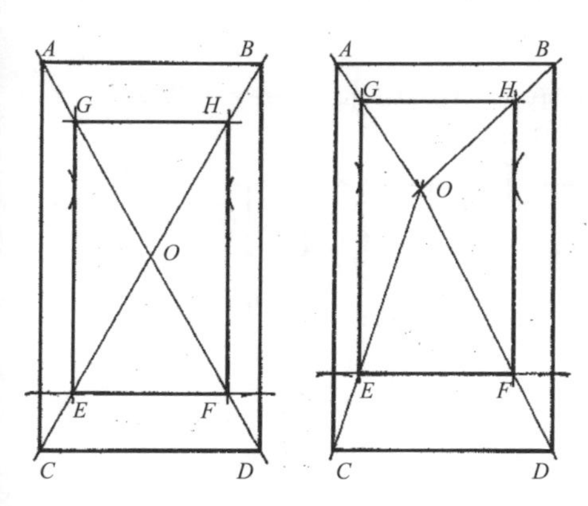

图 148. 在矩形 ABDC 内作相似矩形：

1）在已知矩形内作任意一点 O，连线 AO，BO，CO，DO；

2）作 CD 的平行线 EF；

3）分别作 AC，BD 的平行线 EG，FH；

4）作直线 GH。

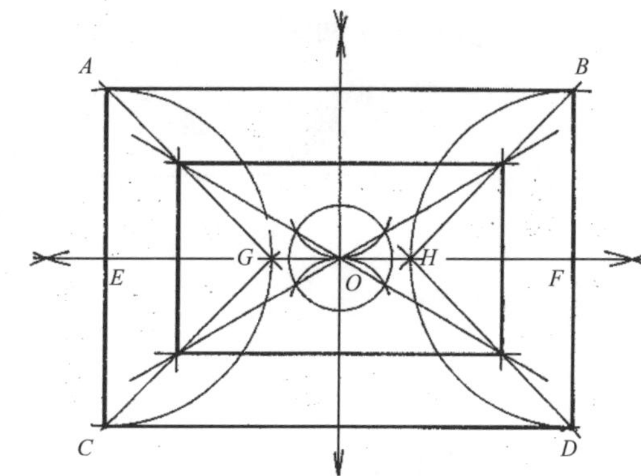

图149. 在矩形ABDC内作已知比例矩形：

1）平分线段AB，CD，AC和BD（E，F，O）；2）作半圆E-AC，F-BD，连线AG，CG，BH，DH；

3）作内部矩形的对角线（结束）。

注：本图中为一个$\sqrt{3}$矩形，根号矩形详见下一章。

比例矩形 /古代工匠的秘密

PROPORTIONAL RECTANGLES

SECRETS OF ANCIENT ARTISANS

杰伊·汉比奇(卒于1924年)在其著作《动态对称》中，提出使用比例矩形，即矩形的长宽比为整数的平方根比 1，如$\sqrt{2}:1$，$\sqrt{3}:1$，$\sqrt{4}:1$等，来重绘古希腊的艺术作品。图 150 和图 151 是将一个正方形的边延长而作的根号矩形，而图 152 是在一个正方形边上作根号矩形。汉比奇也将黄金矩形纳入根号矩形体系中。

以较大矩形的宽为长，作一个矩形，如果两个矩形的长宽比相等，该矩形即为较大矩形的倒数矩形。在一个黄金矩形中，去掉一个正方形，剩下的即为倒数矩形。在一个长宽比为$\sqrt{n}:1$的矩形中，倒数矩形的宽，如图 153 所示，将较大矩形的长分成了 n 段。倒数矩形以及从中衍生出的直角螺线的应用是汉比奇体系的基础。

此处值得注意的是，正六边形的任何两条对边都能构成一个$\sqrt{3}$矩形。

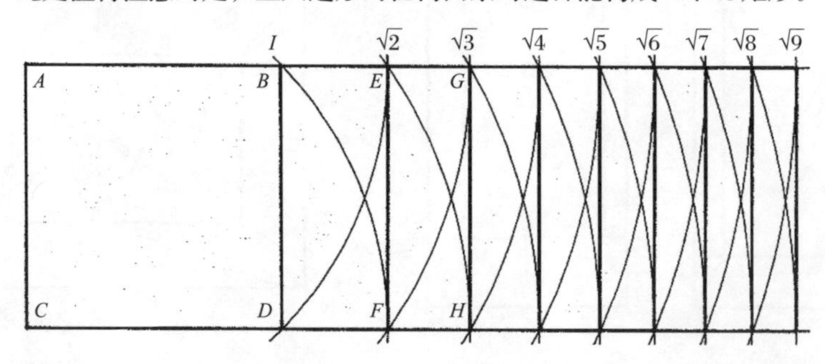

图 150. 已知□ $ABDC$，作根号矩形（方法一）：
1）延长 AB，CD；
2）作弧 $A-D$，弧 $C-B$（E，F & $\sqrt{2}$矩形）；
3）作弧 $A-F$，$C-E$（G，H & $\sqrt{3}$矩形）……以此类推。

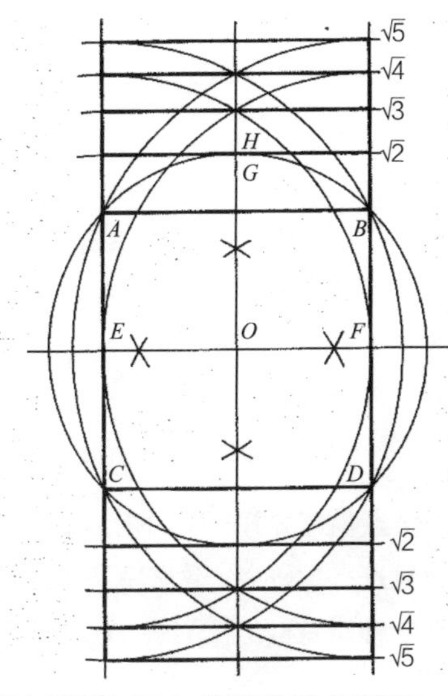

图 151. 已知□ *ABDC*，作根号矩形（方法二）：

1）延长 *AC, BD*；

2）分别作 *AB, CD* 的中点；

3）分别作 *AC*，*BD* 的中点（*E*，*F*，*O*）；

4）作圆 *O*–*A*（*G*）；

5）分别以点 *E*，点 *F* 为圆心，*OG* 为半径作弧（$\sqrt{2}$矩形）；

6）作弧 *E*–*F*，弧 *F*–*E* （*H* & $\sqrt{4}$ 矩形）；

7）分别以点 *E*，点 *F* 为圆心，*OH* 为半径作弧（$\sqrt{3}$ 矩形）；

8）作弧 *E*–*BD*，弧 *F*–*AC*（$\sqrt{5}$ 矩形）。

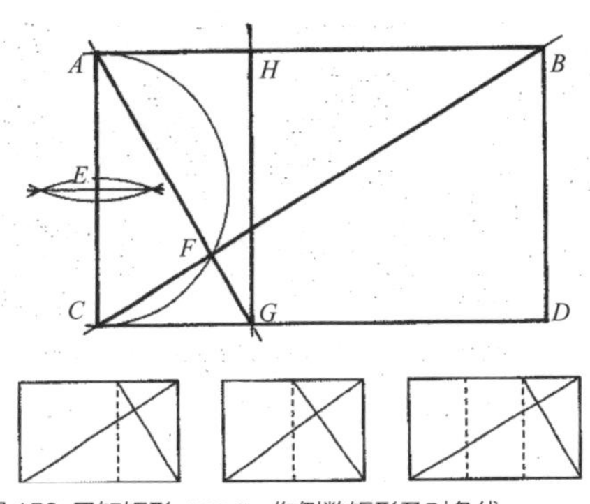

图 153. 已知矩形 *ABDC*，作倒数矩形及对角线：

1）作直线 *BC*；

2）作线段 *AC* 的中点（*E*）；

3）作半圆 *E*–*AC*（*F*）；

4）作直线 *AF*（*G*）；

5）以点 *A* 为圆心，线段 *CG* 为半径作弧（直线 *GH*）。

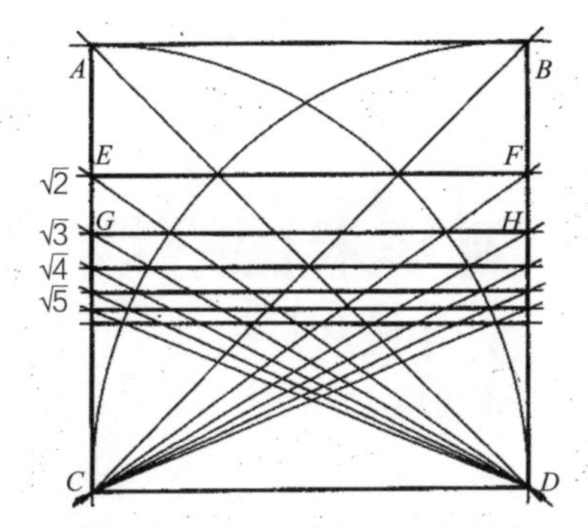

图 152. 已知□ *ABDC*，作根号矩形（方法三）：

1） 作直线 *AD*，直线 *BC*；

2）作弧 *C*–*AD*，弧 *D*–*BC*（*EF* & $\sqrt{2}$ 矩形）；

3）作直线 *ED*，直线 *FC*（*GH* & $\sqrt{3}$ 矩形）……以此类推。

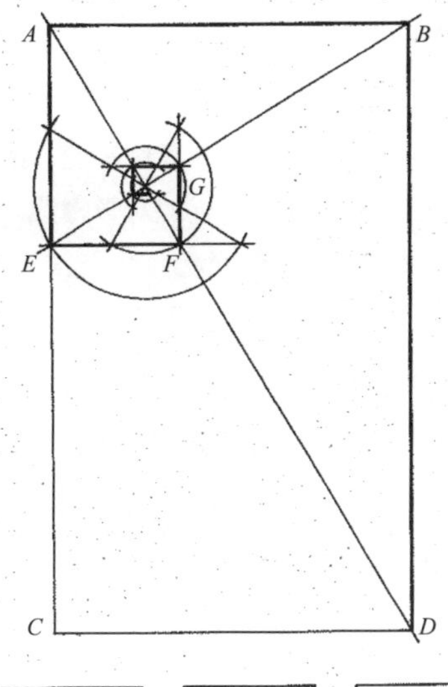

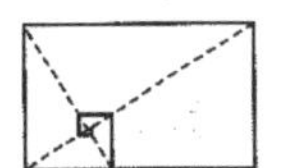
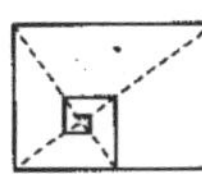
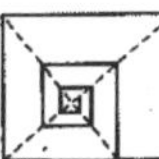

图 154. 已知矩形 *ABDC*，作直角螺线：

1）作已知矩形的倒数矩形及对角线（*E*）；

2）过点 *E* 作 *AC* 的垂直线（直线 *EF*）；

3）过点 *F* 作 *EF* 的垂直线（直线 *FG*）……以此类推。

阿基米德螺线 /及其他完美螺线
SPIRALS
AND OTHER PERFECT TURNINGS

阿基米德在其著作《论螺线》中，对一个点匀速离开一个固定点的同时又以固定的速度绕该固定点转动而产生的螺线进行了研究。这些阿基米德螺线不能通过直尺和圆规准确作出。图 155 是一种简易近似作图法，图 156 要更精确些，但非常考验技巧。

对数螺线由笛卡儿于 1638 年发现，后由雅各布·伯努利（卒于 1705 年）进行了深入研究并将其称为“神奇螺线”。对数螺线的特点是其与穿过原点的径线所形成的角度不变；而且不管是将其拉大或缩小，形状不变。只能用直尺和圆规作近似对数螺线。黄金螺线是对数螺线的一种特殊情况，与黄金矩形有着特定的关联。

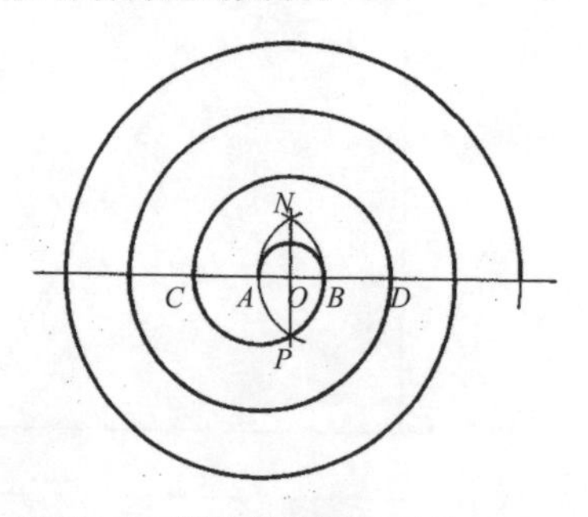

图 155. 作近似阿基米德螺线（方法一）：
1）以任一直线上点 A 为圆心作弧（B）；
2）作弧 B–A（直线 NOP）；
3）作半圆 O–AB；
4）作半圆 A–B（C）；
5）作半圆 O–C（D）；
6）作半圆 A–D……以此类推。

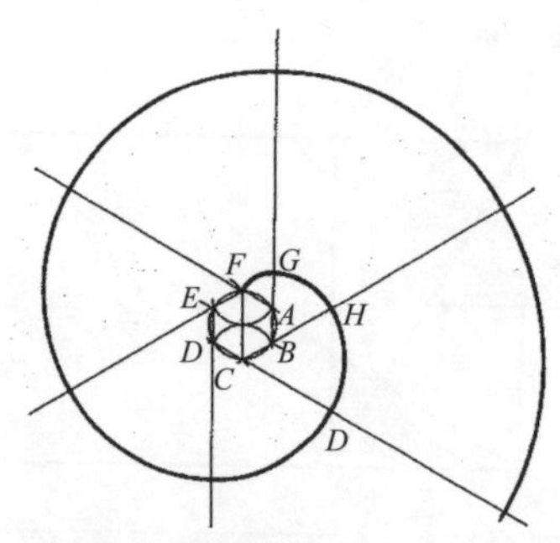

图 156. 作近似阿基米德螺线（方法二）：
1）作圆内接六边形（点 A～点 F）；
2）如图延长六边形的各边；
3）作弧 A–F（G）；
4）作弧 B–G（H）；
5）作弧 C–H（I）……以此类推。

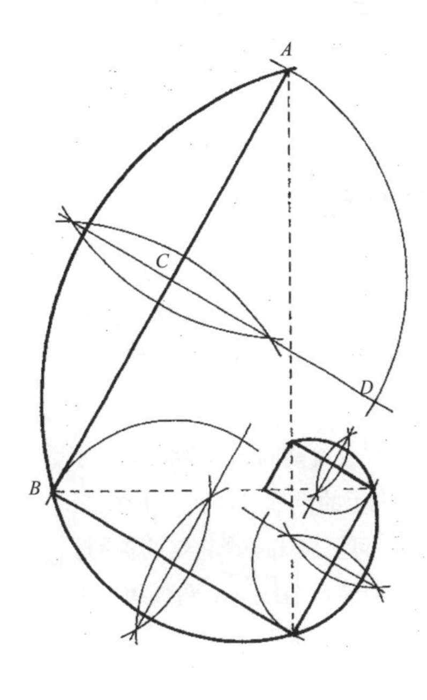

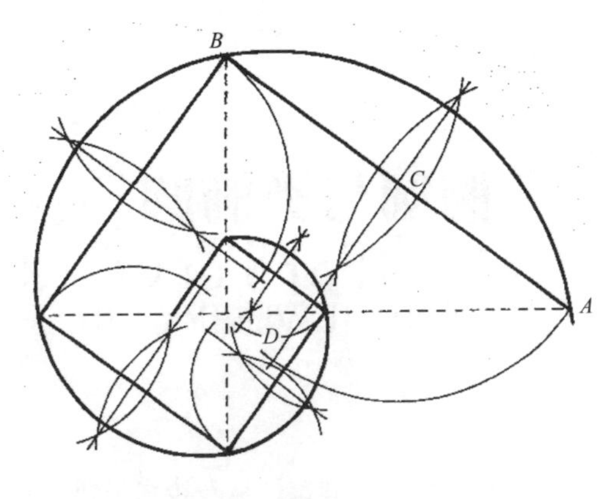

图 157. 作近似对数螺线：

1）作任意矩形的直角螺线；

2）作线段 *AB* 的垂直平分线（*C*）；

3）做弧 *C*–*A*（*D*）；

4）作弧 *D*–*AB*……在其他线段上重复此步骤。

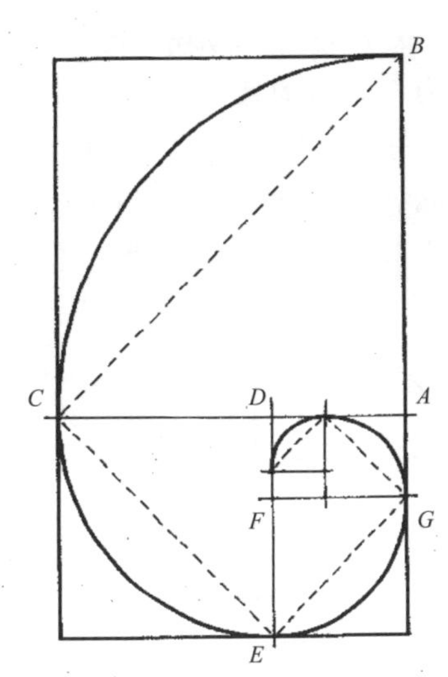

图158. 在黄金矩形作近似黄金螺线：

1）在黄金矩形中连续作正方形；

2）作弧*A*–*BC*；

3）作弧*D*–*CE*；

4）作弧*F*–*EG*……以此类推。

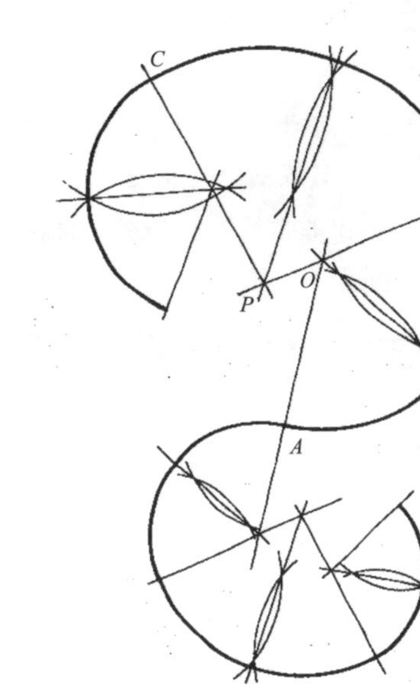

图 159. 作连续曲线：

1）作任意弧 *O*–*AB*；

2）作直线 *BO*；

3）作任意点 *C*，并作线段 *BC* 的垂直平分线（*P*）；

4）作弧 *P*–*BC*……以此类推。

椭圆与类椭圆 / 更多美妙曲线

ELLIPSES & OVALS

MORE HEAVENLY CURVES

将一个圆锥体从一边水平切开所得到的截面就是圆形或椭圆形。不管椭圆的纵横比（长轴与短轴之比）是多少，椭圆上的点都可以通过下图作出。在已知长短轴的情况下，使用加德纳的方法，可以作出一个粗略的椭圆。

类椭圆是与椭圆相似但又不是真正椭圆的任何曲线。由圆弧组成的类椭圆可用直尺和圆规作出，古代用于竞技场等建筑的设计中，在文艺复兴时期再度流行。图 162 引自塞巴斯蒂亚诺·塞利奥（卒于 1554 年）的伟大著作《建筑全书》，其纵横比约为 1.323∶1。图 163 来自建筑学家贾科莫·维尼奥拉（卒于 1573 年），该图基于边长为 3∶4∶5 的直角三角形（比如 AOG），其纵横比为 3∶2，非常接近一个真正的椭圆，图 164 的纵横比为 $\sqrt{2}$∶1，也非常接近一个真正的椭圆。图 165 适合于所有纵横比为 AB∶CD 的类椭圆。

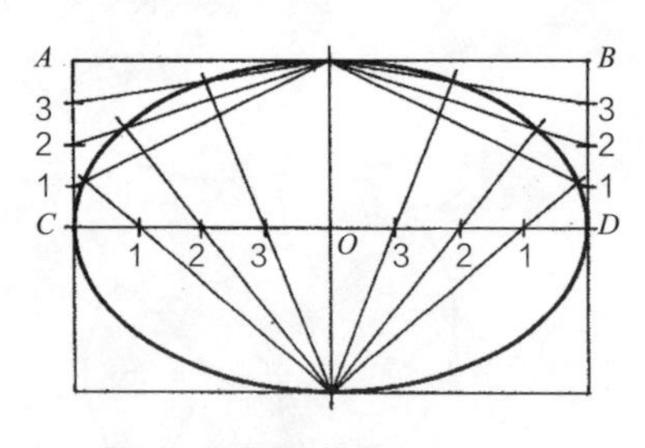

图 160. 作椭圆上的点：
1）将已知矩形四等分（O），分别等分线段 AC, BD, CO, DO；
2）如图所示，连接各等份点，作椭圆上的点。

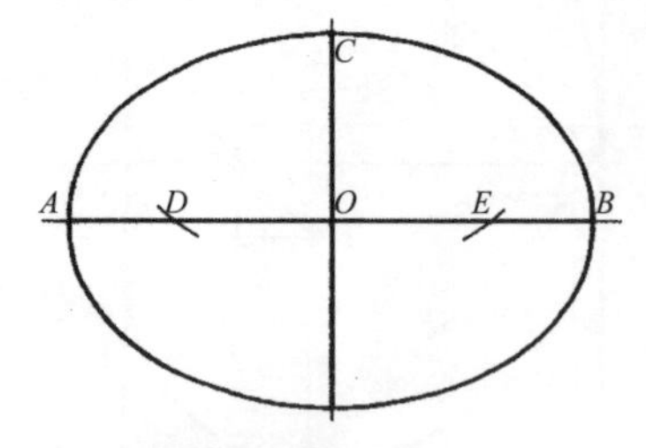

图 161. 加德纳式作椭圆法：
1）以点 C 为圆心，线段 OA 为半径作弧（D, E）；
2）在 A，B 两点插上别针，用线紧紧相连；
3）拔出别针，分别移至点 D 和点 E 插上；
4）用笔将线拉直，作曲线。

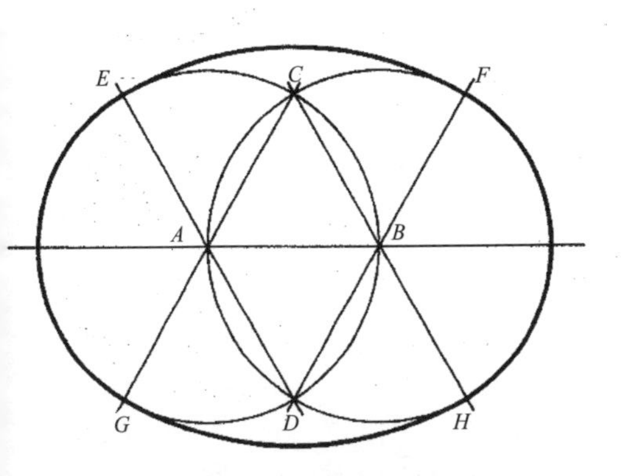

图 162. 固定纵横比的四弧类椭圆简易作法：

1）以直线上任一点 A 为圆心作圆（B）；

2）作圆 $B-A$（C, D）；

3）作直线 DA，DB，CB，CA（E，F，G，H）；

4）作弧 $D-EF$，弧 $C-GH$。

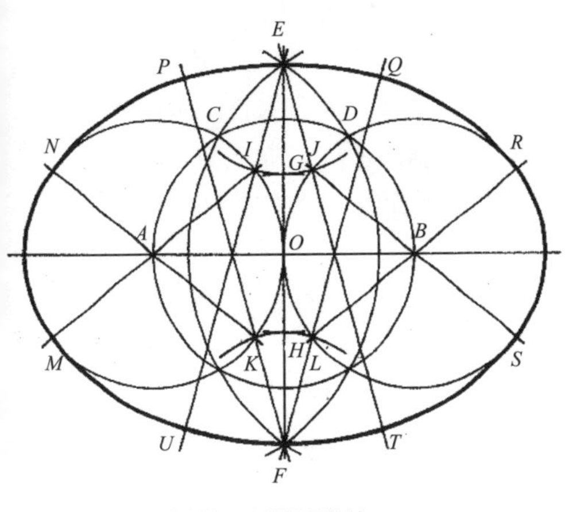

图 164. 固定纵横比的六弧类椭圆作法：

1）以直线上任一点 O 为圆心作圆（A，B）；

2）作圆 $A-O$，圆 $B-O$（C，D）；

3）作弧 $B-C$ 和弧 $A-D$（直线 EF）；

4）分别以点 F，点 E 为圆心，线段 AB 为半径作弧（G，H）；

5）作弧 $E-G$，弧 $F-H$（I，J，K，L）；

6）作直线 IA，KA，LB，JB（M，N，R，S）；

7）作直线 FK，FL，EI，EJ；

8）作弧 $F-E$，弧 $E-F$（P，Q，T，U）；

9）如有需要，分别以点 M，N，P，Q，R，S，T，U 为圆心，过对应点 A，K，F，L，B，J，E，I 作弧。

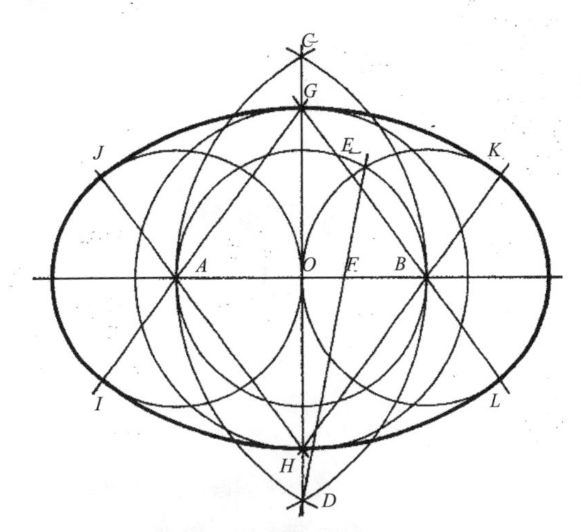

图 163. 固定纵横比的四弧类椭圆作法：

1）以直线上任一点 O 为圆心作圆（A，B）；

2）作弧 $A-B$，弧 $B-A$（直线 CD）；

3）作圆 $A-O$ 和圆 $B-O$（E）；4）作直线 ED（F）；

5）以点 O 为圆心，线段 AF 为半径作圆（G，H）；

6）作直线 GA，HA，HB，GB（I，J，K，L）；

7）作弧 $A-IJ$，弧 $H-JK$，弧 $B-KL$，弧 $G-LI$。

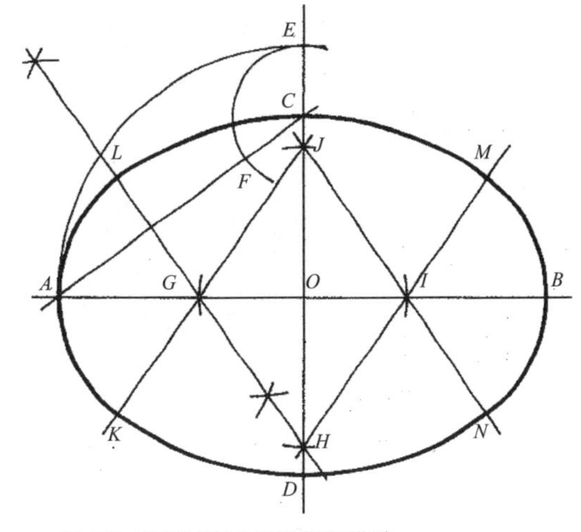

图 165. 不定纵横比的四弧类椭圆作法：

1）根据需要延长 CD；2）作弧 $O-A$（E）；3）作直线 AC；4）作弧 $C-E$（F）；5）作线段 AF 的垂直平分线(G,H); 6)作弧 $O-G$(I); 7）作弧 $O-H$（J）；8）作直线 JG, HG, HI, JI；9）作弧 $G-A$ 和弧 $I-B$（K，L，M，N）；10）作弧 $H-LCM$ 和弧 $J-NDK$。

生锈圆规 /固定开口

RUSTY COMPASS

JUST ONE CIRCLE

使用生锈圆规作图而闻名遐迩的数学家是阿布·瓦法，不过在他之前，已有一些著作，例如帕普斯的《数学汇编》，也列举了类似的例子。生锈圆规类似于欧几里得的单腿圆规，似乎更像是数学上的一个抽象概念，而不是一项实际的工具。没有哪位受人尊敬的工匠会让自己的工具生锈，但注重实践的几何学家也知道圆规开口的每一次变化都可能引发错误。

著名的图 167 是唐·佩多（卒于 1998 年）作于一位不知道姓名的学生的笔记本上。图 170 是基于阿布·瓦法的作品，而图 171 则来自库尔特·霍夫施奈特。本书中有关生锈圆规的其他作图包括图 13（阿布·瓦法作），图 34 和图 113。图 166 ~ 图 168 也属于仅用圆规作图（详见下一章）。

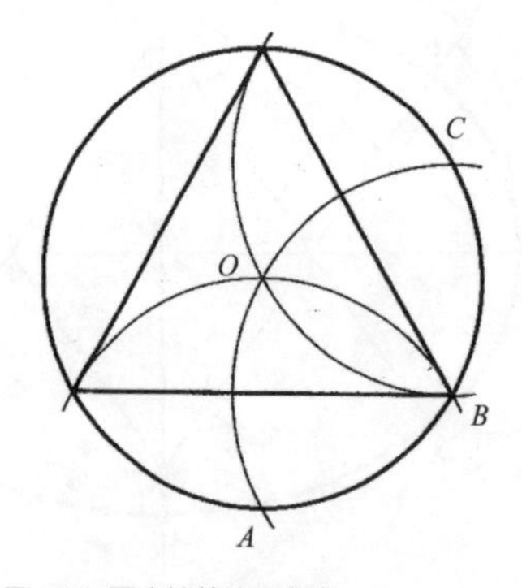

图 166. 圆内接等边三角形：
1）作圆 O；
2）以圆周上任一点 A 为圆心作弧（B）；
3）以点 B 为圆心作弧（C）；
4）以点 C 为圆心作弧（结束）。

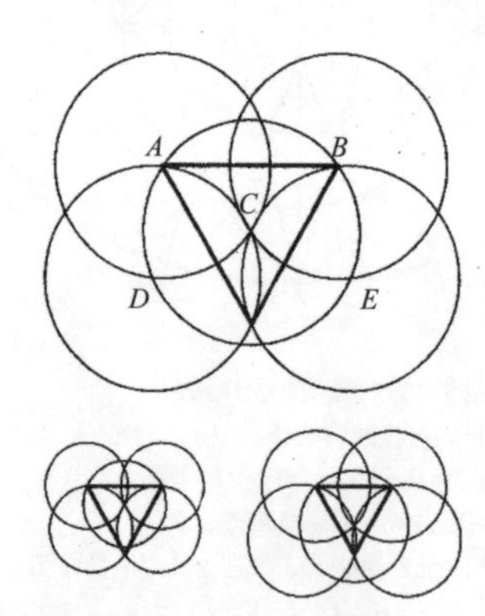

图 167. 已知边 AB，作等边三角形：
1）分别以点 A，点 B 为圆心作圆（C）；
2）以点 C 为圆心作圆（D，E）；
3）分别以点 D，点 E 为圆心作圆（结束）。

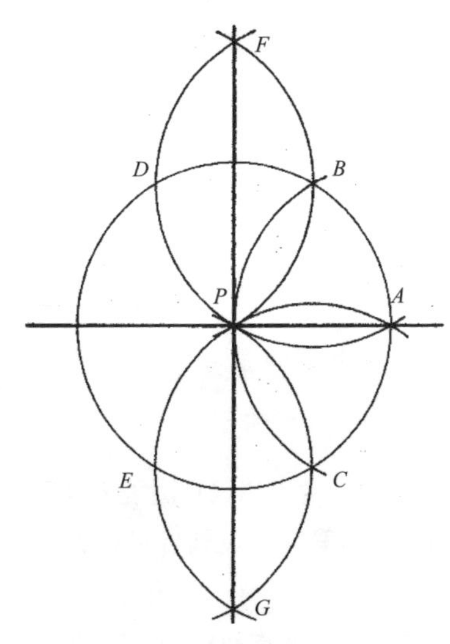

图 168. 过直线上点 P 作垂直线：

1）以点 P 为圆心作圆（A）；

2）以点 A 为圆心作弧（B，C）；

3）分别以点 B，点 C 为圆心作弧（D，E）；

4）分别以点 D，点 E 为圆心作弧（F，G）；

直线 FG 为直线 AP 的垂直线。

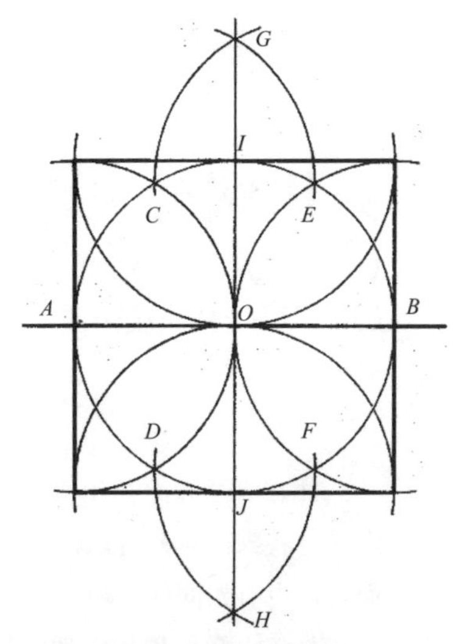

图 169. 作与已知直线正交的正方形：

1）以直线上任一点 O 为圆心作圆（A，B）；

2）分别以点 A，点 B 为圆心作弧（C, D, E, F）；

3）分别以点 C，点 D，点 E，点 F 为圆心作弧（直线 $GIJH$）；

4）分别以点 I，点 J 为圆心作弧（结束）。

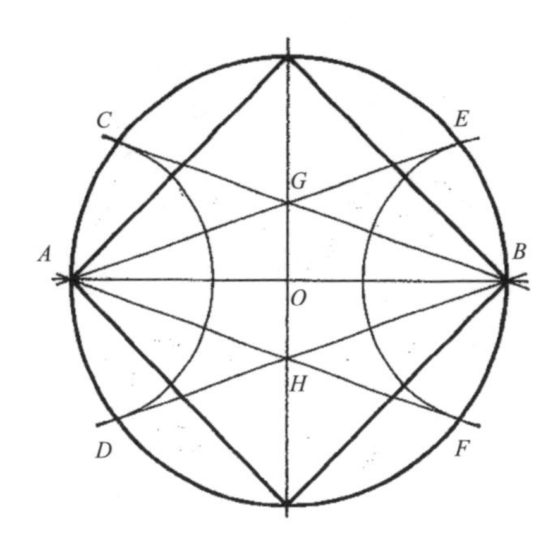

图 170. 已知圆 O，作内接正方形：

1）过圆心 O 作任一直线（A，B）；

2）分别以点 A，点 B 为圆心作弧（C, D, E, F）；

3）作直线 CB，DB，EA，FA（G, H）；

4）作直线 GH（结束）。

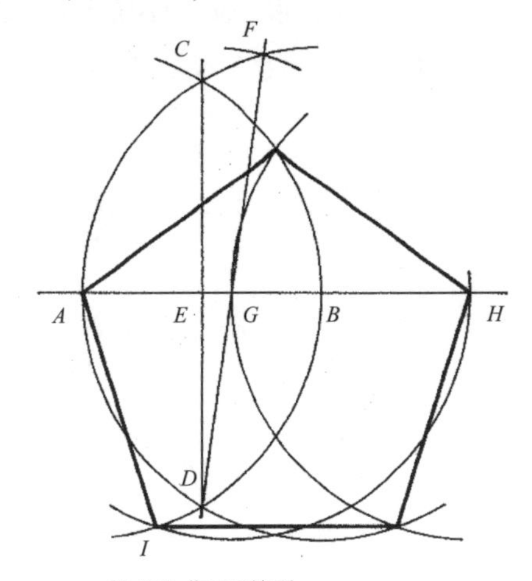

图 171. 作正五边形：

1）在直线 B 上以 A 点为弧心画弧；

2）以 A 为弧心画弧（线段 CED）；

3）以 E 为弧心画弧（线段 FGD）；

4）以 G 为弧心画弧（交点 H, I）；

5）以 H 为弧心画弧，完成。

只用圆规 / 或只用直尺
COMPASS ALONE
OR RULER ALONE

1672 年，乔治·莫尔出书证明了任何尺规作图，都可以仅用圆规来实现（假定通过找到两点便可以作出一条直线）。1797 年罗伦佐·马斯罗尼和莫尔不谋而合，也有相同的发现。

莫尔 – 马斯罗尼定理的证据在于两条直线或一条直线和一个圆的交点都可只用圆规找到（详见下面两个例子）。图 174 是马斯罗尼找到圆心的方法。图 175 是费奇采尼对拿破仑难题（据说是拿破仑亲自提出的难题）的解决办法。图 177 由米歇尔·巴塔伊所作。

1833 年，雅各布·斯泰纳证明了只要给定一个初始圆，所有的尺规作图都可以只用直尺完成。

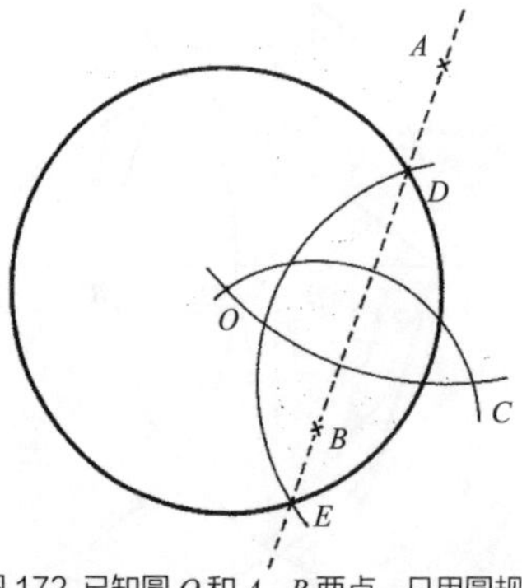

图 172. 已知圆 O 和 A，B 两点，只用圆规，作直线 AB 与圆 O 的交点：
1）作弧 $A-O$；
2）作弧 $B-O$（C）；
3）以点 C 为圆心，已知圆半径为半径作弧（D，E）。

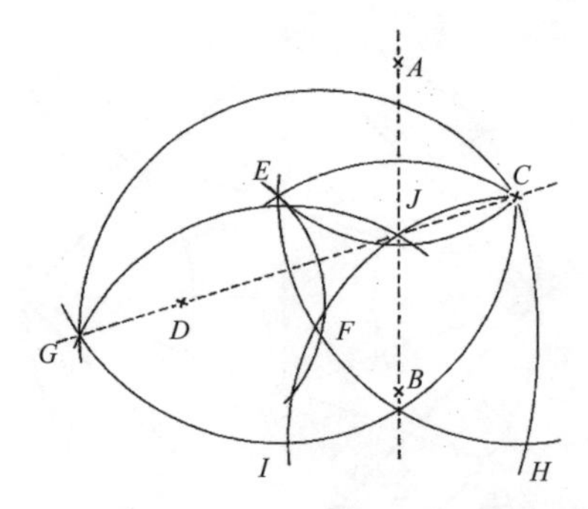

图 173. 已知 A，B，C，D 四点，只用圆规，作直线 AB 与 CD 的交点：
1）作弧 $A-C$；2）作弧 $B-C$（E）；3）作弧 $D-E$；4）作弧 $C-E$（F）；5）作弧 $E-C$；6）作弧 $F-C$（G）；7）作弧 $G-C$（H）；8）作弧 $H-C$（I）；9）作弧 $I-G$（J）。

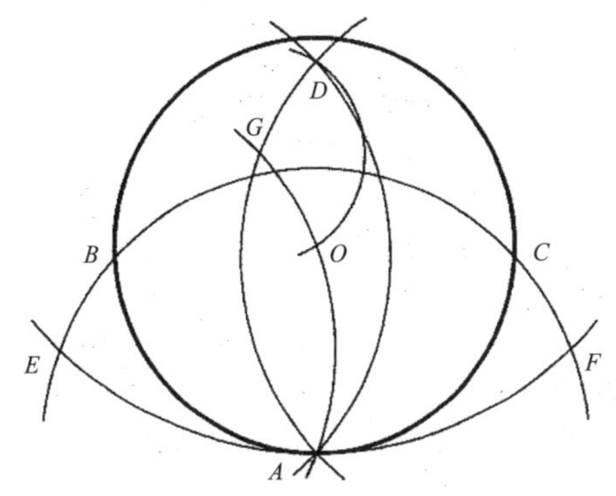

图 174. 只用圆规，作已知圆周的圆心：

1）以圆周上任一点 A 为圆心，任意合适半径作弧（B, C）；

2）作弧 $B-A$, 弧 $C-A$（D）；

3）作弧 $D-A$（E, F），作弧 $E-A$（G）；

4）作弧 $G-D$（O）。

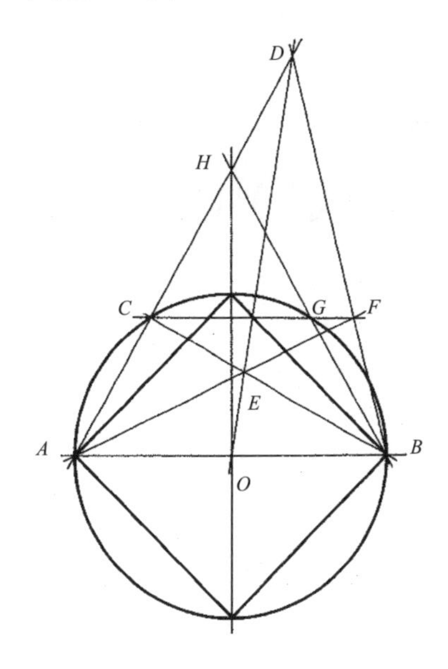

图 176. 只用直尺，作已知圆 O 的内接正方形：

1）过圆心 O 作直线（A, B）；

2）过点 A 作任一合适直线（C）；

3）过点 B 作任一直线（D）；

4）作直线 OD；5. 作直线 BC（E）；

6）作直线 AE（F）；7）作直线 CF（G）；

8）作直线 BG（H）；9）作直线 HO（结束）。

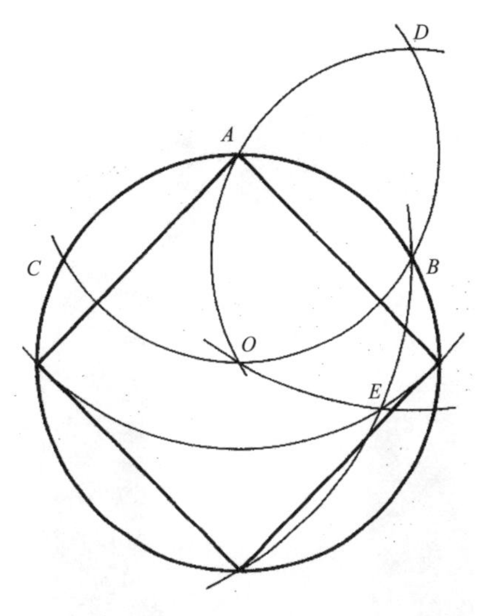

图 175. 只用圆规，作已知圆 O 的内接正方形：

1）作弧 $A-O$（B, C）；

2）作弧 $B-AO$（D）；

3）作弧 $C-B$，弧 $D-O$（E）；

4）作弧 $A-E$（结束）。

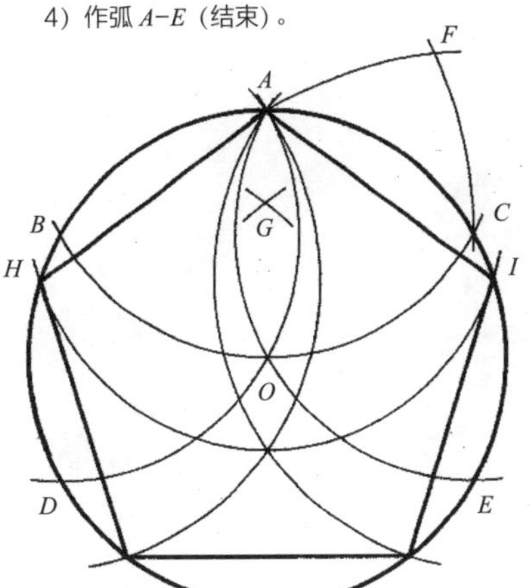

图177. 只用圆规，作已知圆O的内接五边形：

1）作弧$A-O$（B, C）；

2）作弧$B-A$, 弧$C-A$（D, E）；

3）作弧$B-C$, 弧$E-A$（F）；

4）分别以点D，点E为圆心，线段OF为半径作弧（G）；

5）以点G为圆心，线段OA为半径作弧（H，I）；

6）作弧$H-A$, 弧$I-A$（结束）。

THE BEAUTY OF SCIENCE
科学之美

附录
APPENDICES

网格作图
GRID CONSTRUCTIONS

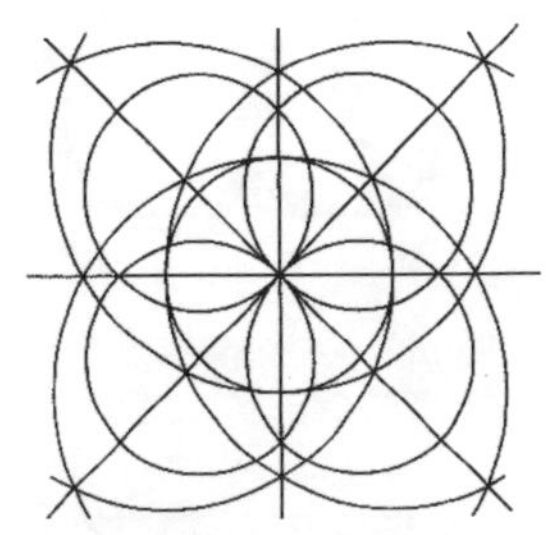

正方形网格图可以通过分割正方形作出，或如上图所示，通过作圆向外延伸。

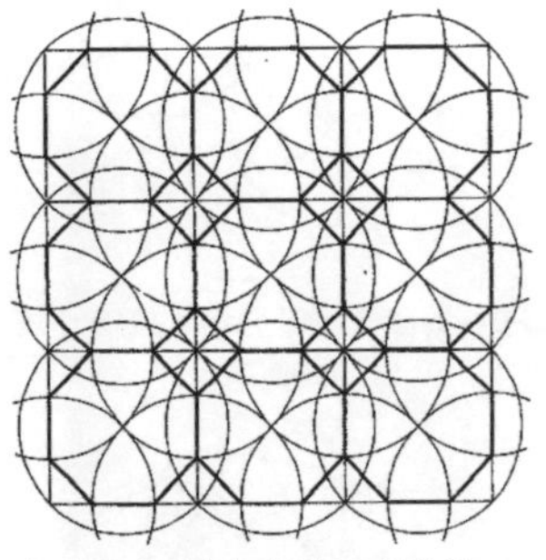

每个正方形也包含图 55 的作法。

并持续作部分重合的圆。

这些圆也可作出上图的网格。

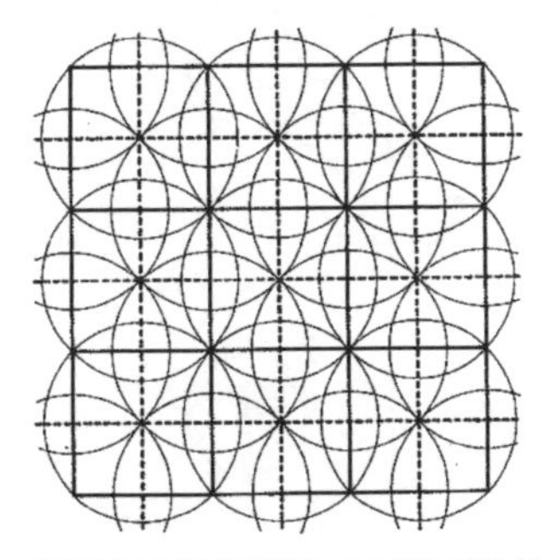

可得两个正方形网格图（虚线所示为另一个正方形网格图）。

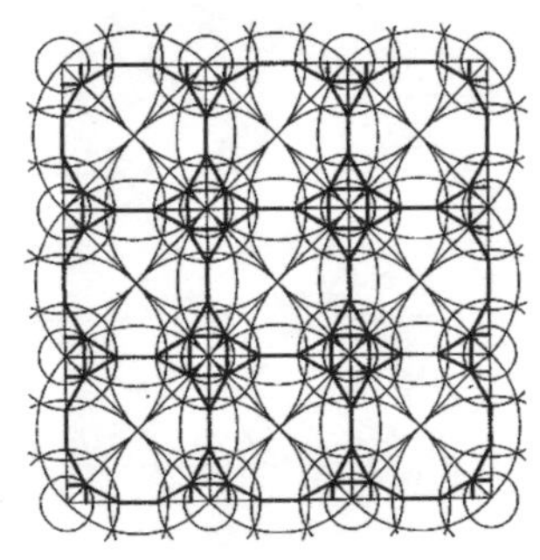

每个正方形也可与图 53 结合。

本书中的图 3，如用完整的圆来作图，也可持续作出上面的图案。

每个圆内加入 90° 旋转的六边形，可作出由十二边形与三角形构成的网格。

并作出六边形与三角形的双网格（三角形网格如虚线所示）。

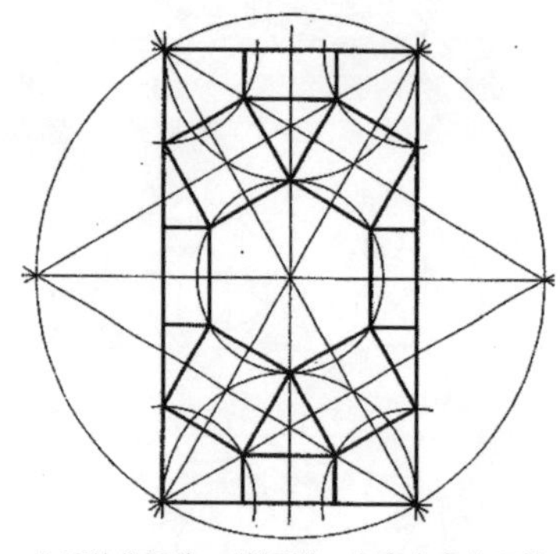

上图的作图为一截矩形，内含由多个三角形、正方形与六边形形成的网格。

作六边形每条边的中点并连线，可作由三角形与六边形构成的网格。

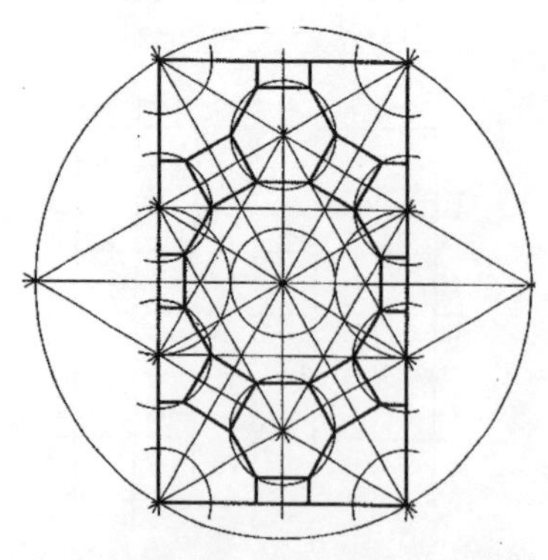

类似作图还可作出内含正方形、六边形与十二边形的网格。

多边形组合
POLYGON COMBINATIONS

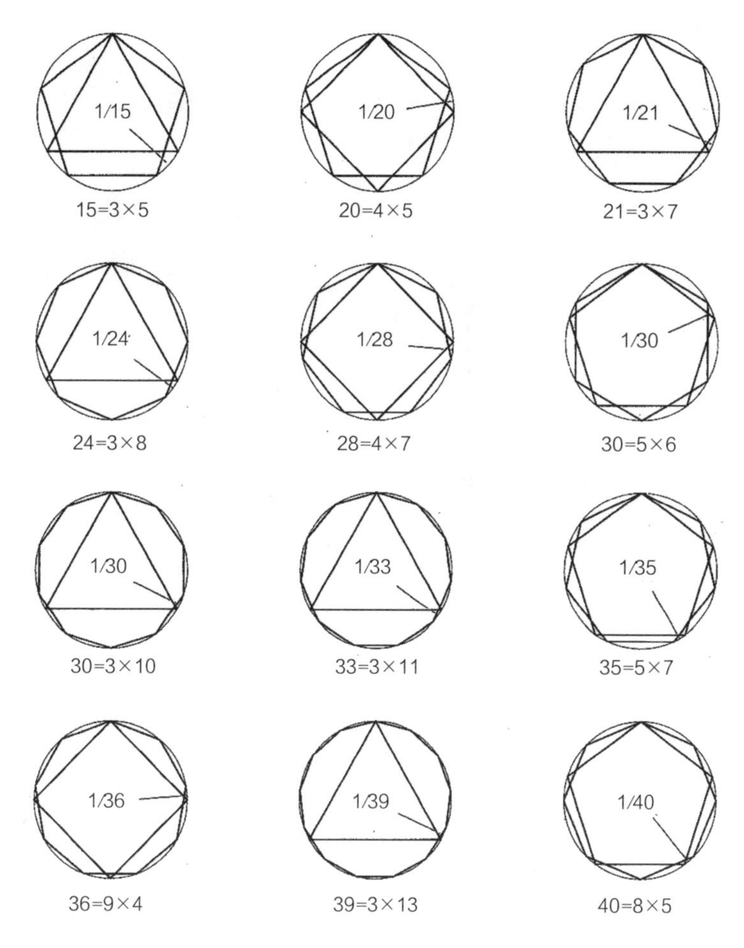

欧几里得通过作内接于同一个圆的等边三角形和正五边形，来作出正十五边形的边长，从而作出一个正十五边形（左顶上角图）。

其他正多边形的作图亦可效仿此法。在实际作图过程中，可以先作两个已知多边形，通过它们来作出所求的正多边形的顶点。